JN026570

月のこよみ
2024

contents

月 と こ よ み …… 91

「月のこよみ」ページ

2024年366日の毎日の月の形、月齢、月の出と月の入り時刻が載ったカレンダーです。

旧暦と二十四節気・雑節・五節供も載せています。なお、表紙裏には1年間の月の満ち欠けをまとめて載せています。

*月出没時刻は東京でのもの、月齢は21時の月齢をあらわします。

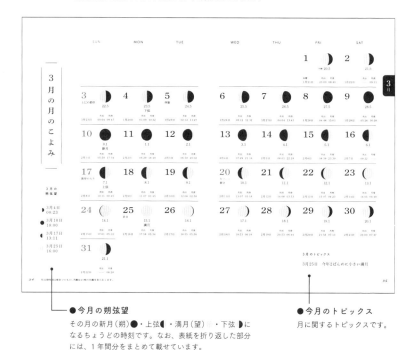

●今月の朔弦望
その月の新月（朔）●・上弦◐・満月（望）◯・下弦◑になるちょうどの時刻です。なお、表紙を折り返した部分には、1年間分をまとめて載せています。

●今月のトピックス
月に関するトピックスです。

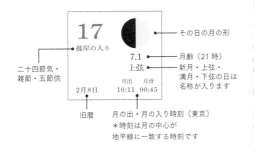

point **2024年の毎日の月の形や月の出没時刻がわかる!**

17
彼岸の入り
7.1
上弦
2月8日
月出　月没
10:11　00:45

- その日の月の形
- 月齢（21時）
- 新月・上弦・満月・下弦の日は名称が入ります
- 二十四節気・雑節・五節供
- 旧暦
- 月の出・月の入り時刻（東京）＊時刻は月の中心が地平線に一致する時刻です

＊「旧暦」とは本来、改暦が行われる前に使われていた暦法を指すもので、現在の日本についていえば、太陽暦が採用される前の1844年から1872年まで使われていた天保暦を指すことになります。しかし、現在一般に旧暦といわれているものは、朔や節気の日時を現在の理論で計算し、月の初め・閏月の置き方のみ天保暦の方法を採用したもので、本書の旧暦も同様のものです。なお、現在の日本では、旧暦の日付の決定は公的には行われていません。

たとえばこんなとき…

「地平線から昇ってくる月を見てみたい」
月の出没時刻をチェック!

　月は毎日、昇ってくる時刻が違います。地平線から昇ってくる月を眺めたいのなら、満月以降がおすすめです。たとえば3月25日の満月の月の出は17時58分。この日の東京の日没は17時57分なので、日没と同じころにまるい月が昇ってきます。三日月や上弦の月などは、早い時刻に月が昇ってきているので、空が明るく、月の出を見るのはむずかしいでしょう。満月を過ぎると月の出は次第に遅くなり、下弦のころには真夜中に昇るようになります。自分のスケジュールに合う日、そして、東の空がよく開けた場所をさがしてみてください。

25
社日
15.1
満月
2月16日
月出　月没
17:58　05:34

「空のこよみ」ページ

　毎月の空の見どころ、見える星空、月の動きを解説しています。

　「今月の星空」では見える星と星座、そして月の動きがわかります。「今月のおすすめ観月日」では細い月と惑星が見られるなど、注目したい月のある空を紹介しています。息抜きにミニコラムもどうぞ。

●今月の空の見どころ　　　　　●今月の星空

●今月のおすすめ観月日

●今月の二十四節気と雑節・五節供

●今月のミニコラム

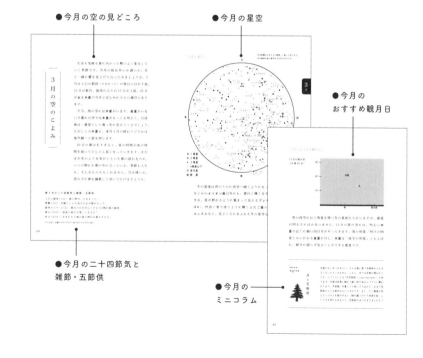

point　毎月の星空や空の見どころ、
　　　　月の位置がわかる！

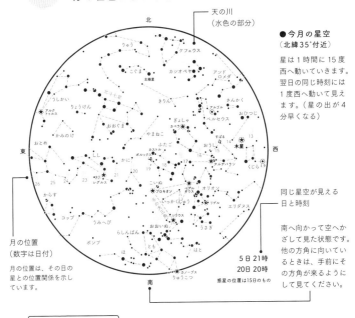

天の川
（水色の部分）

● 今月の星空
（北緯35°付近）

星は1時間に15度
西へ動いていきます。
翌日の同じ時刻には
1度西へ動いて見え
ます。（星の出が4
分早くなる）

同じ星空が見える
日と時刻

南へ向かって空へか
ざして見た状態です。
他の方角に向いてい
るときは、手前にそ
の方角が来るように
して見てください。

月の位置
（数字は日付）

月の位置は、その日の
星との位置関係を示し
ています。

5日 21時
20日 20時
惑星の位置は15日のもの

たとえばこんなとき…

「 あ の 月 が あ る あ た り の 星 座 は 何 だ ろ う ？ 」

星図中の月の日付でチェック！

　「今月の星空」では、見える星座とともに月の位
置を描いてあります。たとえば3月19日なら、「3
月の星空」で19の日付の付いている月をさがすと、
ふたご座にいて、月のすぐ近くに明るい星が見えた
らポルックスということもわかります。上の例では
1〜12日は月の出が早く、27〜31日は月の出が
遅いので、星図中には載っていません。

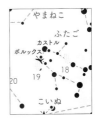

たとえばこんなとき…

「もっと遅い時刻に星を見たとき、 出ている星座がわからない」

下の表で見たい時刻をチェック！

　「今月の星空」は20時〜21時のものです。もっと遅い時刻もしくは早い時刻に星空を見るときには、下の換算表であてはまる星図のあるページを見て星座をさがしてください。ただし、月と惑星の位置は変わるので対応しません。

上旬	下旬	1月	2月	3月	4月	5月	6月	7月	8月	9月	10月	11月	12月
1時	0時	p35	p41	p47	p53	p59	p65	p71	p77	p83	p89	p23	p29
3時	2時	p41	p47	p53	p59	p65	p71	p77	p83	p89	p23	p29	p35
5時	4時	p47	p53	p59	p65	p71	p77	p83	p89	p23	p29	p35	p41
7時	6時	p53	-	-	-	-	-	-	-	-	-	-	p47
昼間	昼間	-	-	-	-	-	-	-	-	-	-	-	-
17時	16時	p83	-	-	-	-	-	-	-	-	-	-	p77
19時	18時	p89	p23	p29	p35	p41	p47	p53	p59	p65	p71	p77	p83
21時	20時	p23	p29	p35	p41	p47	p53	p59	p65	p71	p77	p83	p89
23時	22時	p29	p35	p41	p47	p53	p59	p65	p71	p77	p83	p89	p23

とくに注目したい
月の見える空がわかる！

●今月のおすすめ観月日

月の近くに明るい星が見えるなど、とくに注目したい月のある空を
ピックアップして紹介します。
※図は東京でのもの。地域によって高度や方角がずれることがあります。

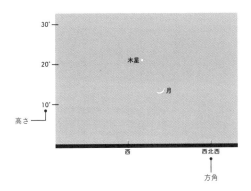

たとえばこんなとき…

「 夕暮れや夜明けの空に浮かぶ
　　細い月が好き 」

近くに明るい惑星がいるとさらに美しい景色に！

　夕暮れの西の空に見えるのは新月後すぐ、明け方の東の空
に見えるのは新月手前の月です。その月の出没時刻や月の形
は「月のこよみ」ページを見るとわかりますが、「今月のおすす
め観月日」では、月の近くに明るい惑星や１等星が輝く日など、
ぜひ見上げてみてほしい空を毎月ひとつ、ご紹介しています。

月 の こ よ み の 使 い か た Q & A

Q 月 出 や 月 没 の 時 刻 が
書 い て い な い と こ ろ が あ る の で す が ?

A そ の 日 に 月 出 や 月 没 が な い か ら で す 。

　月は毎日出る時刻や沈む時刻が違います。たとえば3月2日を見てみると、月出の時刻がありません。では前日の1日を見ると、月出が23時00分となっています。つまり、2日に日付の変わる前に月が出てしまったので、2日にはすでに月が昇っているのです。その月は2日の9時11分に沈みます。そして次に昇ってくるのは日付の変わった3日の0時04分。2日の日付で月出がないので、時刻が空白になっているのです。

Q 新 聞 で 見 た 月 齢 と
数 字 が 違 う の は な ぜ ?

A 月 齢 は ど の 時 刻 に 見 る か で 変 わ り ま す 。

　新聞やWebページに掲載されている月齢は、多くの場合は正午月齢、昼の12時の月齢になっています。しかし、その時刻に月を見ることはほぼないので、この本では実際に夜空を見る時刻を想定し、夜21時の月齢をのせています。月の満ち欠けは地球と月、太陽の位置関係で刻々と変わり続けています。たとえば3月2日の正午12時の月齢は21.2ですが、9時間後の21時には21.5となっています。9時間分、月齢が進んでいるのです。

２０２４年
の
こ よ み

9 月 17 日　中秋の名月

　「十五夜のお月さま」ともよばれる中秋の名月は、旧暦 8 月 15 日の月のことです。新月を 1 日（月初め）として 15 日めの月にあたるので月齢では 14 となり、満月の手前であることが多いですが、昨年まで数年間はちょうど満月と重なっていました。今年は久しぶりに満月 1 日前で、ちょっぴり欠けた名月です。

　なお、「後の月」ともよばれる「十三夜月」は、旧暦 9 月 13 日の月。今年は 10 月 15 日の月です。この 2 日後は 2024 年でいちばん大きく見える満月、スーパームーンですので、十三夜月も見逃せません。秋空にかかる両名月が待ち遠しいですね。

10 月 17 日　スーパームーン

　月はつねに地球の周りを回っていますが、月と地球の距離はいつも同じではなく、近いときと遠いときがあります。もっとも近いときの満月は「スーパームーン」*とよばれ、もっとも遠いときとくらべると、大きさ（視直径）では約 14 ％大きく、明るさでは約 30 ％も明るく見えます。2024 年のスーパームーンは十三夜の名月の 2 日後、10 月 17 日の満月です。

　実は、空が澄み渡る秋のこの時期にスーパームーンとなるのは久しぶり。今年の秋はいつにも増して、月が話題の中心になりそうです。

＊天文学的に決まった定義はありません。あくまで世間一般でいわれているものです。

●月の大きさの比較
左が大きいとき、右が小さいとき。面積で約 1.3 倍の違いがあります。

12 月 8 日　土 星 食

　星と月は同じように東から西へと動いていくように見えますが、実際には、地球の周りを回る月、太陽の周りを回る惑星、はるか遠くにある恒星の動きはそれぞれ違い、空に見える位置関係はひと晩でも少しずつ変わっています。12月8日宵に起こる土星食は、1日の移動量が大きい月が土星を隠す現象です。上弦前の月の欠けた側に土星が潜入して見えなくなり、そのあと明るい側から出てくる様子は、双眼鏡があればわかるはず。2024年は7月25日にも土星食が起こりますが、朝方ですでに空が明るいため、見るのはむずかしいでしょう。

●12月8日の土星食の様子（図は東京、天頂が上）

潜入		出現	
東京	18時19分	東京	19時00分
大阪	18時20分	大阪	18時45分
那覇	17時54分	那覇	18時27分

※ 土星の位置や月の傾きは、場所によって変わります。

※ 那覇では潜入時はまだ空が明るいです。

※ 札幌、広島、福岡などでは食となりません。

12月25日　スピカ食

　8日の土星食に続き、見やすい星食が25日未明に起こるスピカ食です。スピカはおとめ座の1等星です。土星食のときと逆で、夜半過ぎに昇ってくる下弦後の月の明るい側にスピカが隠され、欠けた暗い側から出現するので、出現するときのほうが見やすいでしょう。東京での潜入時刻は3時17分、出現時刻は4時13分です。なお、北海道では南西端を除いて残念ながら食となりません。

　2024年は8月10日宵にもスピカ食が起こります。月の端をかすめる程度で短い現象となりますが、逆にスリリングに楽しめるかもしれません。

２０２４年の二十四節気と七十二候

季節		二十四節気	七十二候		季節		二十四節気	七十二候	
春	孟春	立春 2月4日 17:27	東風解凍	はるかぜ こおりを とく	**夏**	孟夏	立夏 5月5日 09:10	蛙始鳴	かわず はじめて なく
			黄鶯睍睆	こうおう けんかんす				蚯蚓出	みみず いずる
			魚上氷	うお こおりを いずる				竹笋生	たけのこ しょうず
		雨水 2月19日 13:13	土脈潤起	つちのしょう うるおい おこる			小満 5月20日 22:00	蚕起食桑	かいこ おきて くわを はむ
			霞始靆	かすみ はじめて たなびく				紅花栄	べにばな さかう
			草木萌動	そうもく めばえ いずる				麦秋至	むぎのとき いたる
	仲春	啓蟄 3月5日 11:23	蟄虫啓戸	すごもりむし とを ひらく		仲夏	芒種 6月5日 13:10	蟷螂生	かまきり しょうず
			桃始笑	もも はじめて さく				腐草為蛍	かれたる くさ ほたると なる
			菜虫化蝶	なむし ちょうと なる				梅子黄	うめのみ きばむ
		春分 3月20日 12:06	雀始巣	すずめ はじめて すくう			夏至 6月21日 05:51	乃東枯	なつかれくさ かるる
			桜始開	さくら はじめて ひらく				菖蒲華	あやめ はなさく
			雷乃発声	かみなり すなわち こえを はっす				半夏生	はんげ しょうず
	季春	清明 4月4日 16:02	玄鳥至	つばめ きたる		季夏	小暑 7月6日 23:20	温風至	あつかぜ いたる
			鴻雁北	こうがん かえる				蓮始開	はす はじめて ひらく
			虹始見	にじ はじめて あらわる				鷹乃学習	たか すなわち がくしゅうす
		穀雨 4月19日 23:00	葭始生	あし はじめて しょうず			大暑 7月22日 16:44	桐始結花	きり はじめて はなを むすぶ
			霜止出苗	しも やみて なえ いずる				土潤溽暑	つち うるおうて むしあつし
			牡丹華	ぼたん はなさく				大雨時行	たいう ときどき ふる

16

季節	二十四節気	七十二候		季節	二十四節気	七十二候	
孟秋	立秋 8月 7日 09:09	涼風至	すずかぜ いたる	孟冬	立冬 11月 7日 07:20	山茶始開	つばき はじめて ひらく
		寒蟬鳴	ひぐらし なく			地始凍	ち はじめて こおる
		蒙霧升降	ふかき きり まとう			金盞香	きんせんか さく
	処暑 8月 22日 23:55	綿柎開	わたの はなしべ ひらく		小雪 11月 22日 04:56	虹蔵不見	にじ かくれて みえず
		天地始粛	てんち はじめて さむし			朔風払葉	きたかぜ このはを はらう
		禾乃登	こくもの すなわち みのる			橘始黄	たちばな はじめて きばむ
仲秋	白露 9月 7日 12:11	草露白	くさの つゆ しろし	仲冬	大雪 12月 7日 00:17	閉塞成冬	そらさむく ふゆと なる
		鶺鴒鳴	せきれい なく			熊蟄穴	くま あなに こもる
		玄鳥去	つばめ さる			鱖魚群	さけのうお むらがる
	秋分 9月 22日 21:44	雷乃収声	かみなり すなわち こえを おさむ		冬至 12月 21日 18:21	乃東生	なつかれくさ しょうず
		蟄虫坏戸	むし かくれて とを ふさぐ			麋角解	さわしかの つの おつる
		水始涸	みず はじめて かるる			雪下出麦	ゆき わたりて むぎ のびる
季秋	寒露 10月 8日 04:00	鴻雁来	こうがん きたる	季冬	小寒 1月 6日 05:49	芹乃栄	せり すなわち さかう
		菊花開	きくの はな ひらく			水泉動	しみず あたたかを ふくむ
		蟋蟀在戸	きりぎりす とに あり			雉始雊	きじ はじめて なく
	霜降 10月 23日 07:15	霜始降	しも はじめて ふる		大寒 1月 20日 23:07	款冬華	ふき はなさく
		霎時施	こさめ ときどき ふる			水沢腹堅	さわみず こおりつめる
		楓蔦黄	もみじ つた きばむ			鶏始乳	にわとり はじめて とやに つく

秋 / 冬

2024 年の雑節と五節供

人日の節供	1月7日
土用の入り	1月18日
節分	2月3日
上巳の節供	3月3日
彼岸の入り	3月17日

社日	3月25日
土用の入り	4月16日
八十八夜	5月1日
端午の節供	5月5日
入梅	6月10日
半夏生	7月1日
七夕の節供	7月7日

土用の入り	7月19日
二百十日	8月31日
重陽の節供	9月9日
二百二十日	9月10日
彼岸の入り	9月19日
社日	9月21日
土用の入り	10月20日

二十四節気と七十二候について

　地球は1年間（約365日）で太陽の周りを一周（360度）しています。地球から見たこの太陽の通り道を15度ずつ24等分して区切り、季節の目印としたものが「二十四節気」です。

　旧暦（太陰太陽暦）では、朔弦望のサイクルそのままで使い続けるとこよみと季節がずれていってしまうので、「閏月」を約3年に一度入れて調整する必要があります。この閏月を入れる決め手となるのが二十四節気です。二十四節気には"節気"と"中気"の2種類があり交互に並んでいて、中気によって何月になるかが決まります。しかし約3年に一度、中気を含まない月ができます。これが閏月で、直前の月が2月であれば"閏2月"といった名前が付けられます。

　このほか、季節の目印としての言葉には、二十四節気をさらに三等分した「七十二候」、そして日本独自の季節の行事を示す「雑節」があります。また、中国から伝わった行事をもとにした「五節供」も、ひなまつりやこどもの日などにあたり、現代でも馴染みのあるものです。

＊新暦でもわずかに季節とのずれが生じます。そのため4年に一度「閏年」（2月が1日多くなる年）を入れることで、このずれを解消しています。2024年は閏年です。

1月

1月のこよみ

2024年 睦月［むつき］

1月の月のこよみ

1月の朔弦望

● 1月4日 12:30
● 1月11日 20:57
● 1月18日 12:53
　1月26日 02:54

SUN		MON		TUE	
1 元日	月齢 19.5	**2**	20.5		
旧暦 2023年 11月20日	月出 21:30 月没 10:14	11月21日	月出 22:27 月没 10:3?		
7 人日の節供	25.5	**8** 成人の日	26.5	**9**	27.5
11月26日	月出 02:22 月没 12:42	11月27日	月出 03:28 月没 13:19	11月28日	月出 04:37 月没 14:0?
14	3.0	**15**	4.0	**16**	5.0
12月4日	月出 09:05 月没 19:58	12月5日	月出 09:37 月没 21:10	12月6日	月出 10:05 月没 22:2?
21	10.0	**22**	11.0	**23**	12.0
12月11日	月出 12:44 月没 02:52	12月12日	月出 13:30 月没 03:57	12月13日	月出 14:22 月没 04:58
28	17.0	**29**	18.0	**30**	19.0
12月18日	月出 19:21 月没 08:16	12月19日	月出 20:18 月没 08:40	12月20日	月出 21:14 月没 09:0?

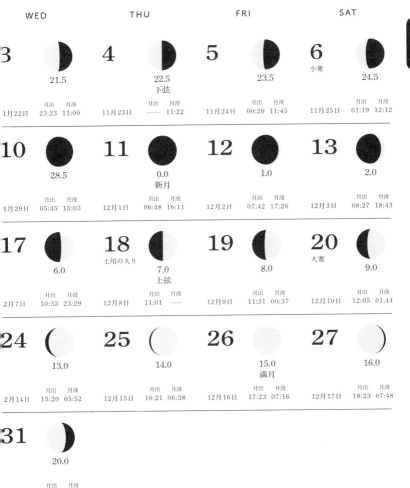

3

21.5

1月22日   月出 23:23   月没 11:00

4

22.5
下弦

11月23日   月出 ······   月没 11:22

5

23.5

11月24日   月出 00:20   月没 11:45

6
小寒

24.5

11月25日   月出 01:19   月没 12:12

10

28.5

1月29日   月出 05:45   月没 15:03

11

0.0
新月

12月1日   月出 06:48   月没 16:11

12

1.0

12月2日   月出 07:42   月没 17:26

13

2.0

12月3日   月出 08:27   月没 18:43

17

6.0

2月7日   月出 10:33   月没 23:29

18
土用の入り

7.0
上弦

12月8日   月出 11:01   月没 ······

19

8.0

12月9日   月出 11:31   月没 00:37

20
大寒

9.0

12月10日   月出 12:05   月没 01:44

24

13.0

2月14日   月出 15:20   月没 05:52

25

14.0

12月15日   月出 16:21   月没 06:38

26

15.0
満月

12月16日   月出 17:23   月没 07:16

27

16.0

12月17日   月出 18:23   月没 07:48

31

20.0

2月21日   月出 22:10   月没 09:25

1月のトピックス

1月26日　今年3ばんめに小さい満月

1月の空のこよみ

　大晦日の夜に昇ってきた下弦前の月に見守られながら迎えた新年。あけましておめでとうございます。今年は月のどんな表情が見られるでしょうか。1月は4日が下弦、11日が新月、土用の入りの18日が上弦、そして26日が**かに座**で今年3ばんめに小さい満月となります。

　下弦の4日は、**しぶんぎ座流星群**の極大日（流れ星が多く流れる日）です。ただし、輻射点（流れ星が飛び出してくるように見えるポイント）が空に昇ってくる真夜中〜明け方にかけて月明かりがあるため、流れ星は見にくくなってしまいます。とはいえ、見られたらラッキー、くらいのおみくじ気分で、お正月の澄んだ夜空を見上げてみませんか。流れ星が飛ばなくても、月明かりに負けない明るい1等星を探してみましょう。

　明け方の東の空には**金星**が輝いています。夜明け前には**水星**も姿を現しますが、月末には空低くなり、姿を消します。

● 1月の二十四節気と雑節・五節供

小寒（6日）：寒の入り。いちばん寒い時期の始まり。
人日の節供（7日）：七草がゆを食べて無病息災を願う日。
土用の入り（18日）：立春の前日（2月3日）までが冬の土用。
大寒（20日）：もっとも寒さきわまるころ。

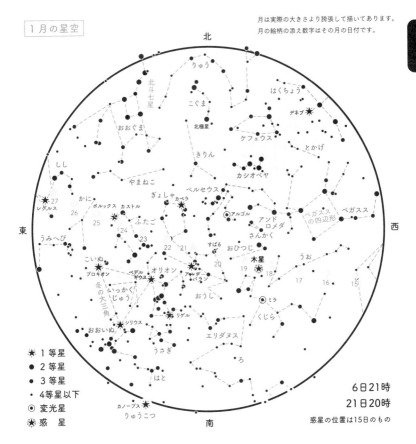

1月の星空

月は実際の大きさより誇張して描いてあります。
月の絵柄の添え数字はその月の日付です。

1月

北

りゅう

こぐま

北斗七星

おおぐま

北極星

はくちょう

デネブ

ケフェウス

とかげ

きりん

カシオペヤ

しし

やまねこ

ペルセウス

ぎょしゃ カペラ

東

レグルス 27

26
かに

ボルックス カストル
ふたご

アルゴル

ペガスス
の四辺形

アンド
ロメダ
さんかく

ペガスス

西

25

124

うみへび

23

22 21

すばる おひつじ

うお

20

木星
19 18

17 16 15

こいぬ
プロキオン

ベテル
ギウス

オリオン
アルデ
バラン

各の
大三角

いっかく
じゅう

リゲル

おうし

ミラ

くじら

シリウス

おおいぬ

エリダヌス

ろ

うさぎ

はと

✴ 1等星
● 2等星
• 3等星
· 4等星以下
⊙ 変光星
✴ 惑　星

6日21時
21日20時

惑星の位置は15日のもの

カノープス

りゅうこつ

南

月は空の中で少しずつ形を変え、位置を変えていきます。
上の円形星図内に月の位置を示していますので、探すときの
目安にしてください。月の下の数字は日付です。月が出てい
るかどうかは「各月のこよみ」のカレンダーのページに月出・
月没の時刻を掲載していますので、参考にしてください。

9日の明け方の空
（5時30分）

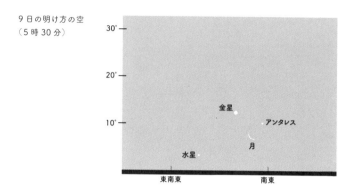

30°
20°
10°

金星
アンタレス
月
水星

東南東　　　　　　南東

　明け方の空で力強く輝く明けの明星・**金星**。９日には近くに新月手前の細い月がやってきます。細い月がいるのは、**さそり座**。近くにはさそりの心臓を示す１等星**アンタレス**も輝いています。**金星**はこれからどんどん空低くなっていき、３月末には見えなくなります。

Moon
Syrup

月
と
形

太陽や地球と同じく、月はボールのように球体をしています。それでは、なぜ丸いのでしょうか？　天体は、宇宙空間を漂うチリやガスなどが集まってできたと考えられています。集まってくると重力を持ち、その中心（重心）に向かって引っ張る力が均等に働くことで丸くなるのです。ただし、だいたい直径300km以下の小さな星は重力が弱く、球体になることができません。月の直径は約3475kmと、この条件をクリアしているので、丸い形をしているのですね。

2 月 の こ よ み

◉

如月 ［きさらぎ］

SUN　　　　　MON　　　　　TUE

2月の月のこよみ

2月の朔弦望

● 2月3日 08:18

● 2月10日 07:59

◐ 2月17日 00:01

○ 2月24日 21:30

4 立春 24.0 12月25日 月出 01:11 月没 11:12	**5** 25.0 12月26日 月出 02:17 月没 11:53	**6** 26.0 12月27日 月出 03:24 月没 12:44
11 建国記念の日 1.5 1月2日 月出 07:33 月没 18:48	**12** 振替休日 2.5 1月3日 月出 08:04 月没 20:02	**13** 3.5 1月4日 月出 08:33 月没 21:14
18 8.5 1月9日 月出 11:27 月没 01:51	**19** 雨水 9.5 1月10日 月出 12:17 月没 02:54	**20** 10.5 1月11日 月出 13:14 月没 03:54
25 15.5 1月16日 月出 18:11 月没 06:44	**26** 16.5 1月17日 月出 19:08 月没 07:07	**27** 17.5 1月18日 月出 20:04 月没 07:29

　月出没時刻は東京でのもの、月齢は21時の月齢をあらわします。

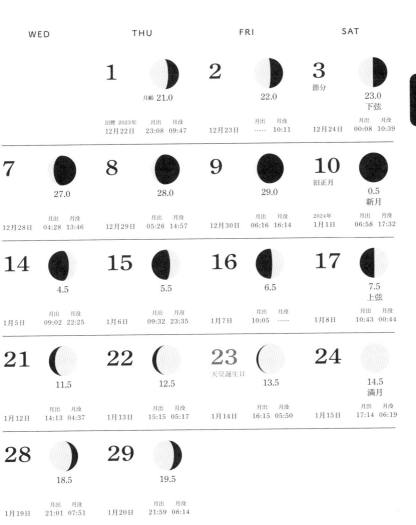

WED		THU		FRI		SAT	
		1	月齢 21.0	**2**	22.0	**3** 節分	23.0 下弦
		旧暦 2023年 12月22日	月出 月没 23:08 09:47	12月23日	月出 月没 ····· 10:11	12月24日	月出 月没 00:08 10:39
7	27.0	**8**	28.0	**9**	29.0	**10** 旧正月	0.5 新月
12月28日	月出 月没 04:28 13:46	12月29日	月出 月没 05:26 14:57	12月30日	月出 月没 06:16 16:14	2024年 1月1日	月出 月没 06:58 17:32
14	4.5	**15**	5.5	**16**	6.5	**17**	7.5 上弦
1月5日	月出 月没 09:02 22:25	1月6日	月出 月没 09:32 23:35	1月7日	月出 月没 10:05 ·····	1月8日	月出 月没 10:43 00:44
21	11.5	**22**	12.5	**23** 天皇誕生日	13.5	**24**	14.5 満月
1月12日	月出 月没 14:13 04:37	1月13日	月出 月没 15:15 05:17	1月14日	月出 月没 16:15 05:50	1月15日	月出 月没 17:14 06:19
28	18.5	**29**	19.5				
1月19日	月出 月没 21:01 07:51	1月20日	月出 月没 21:59 08:14				

2月のトピックス

2月24日　今年いちばん小さい満月

2月の空のこよみ

　もっとも寒さが厳しいころですが、確実に春は近付いています。2月は3日の節分に下弦、10日に新月、17日に上弦、そして24日にしし座で今年いちばん小さい満月となります。なお、10日は旧暦の1月1日です。年始からあっという間に2月になってしまったという方は、ここでいったん深呼吸して、あらためて今年をスタートしてみてはいかがでしょうか。

　明るい街中からは見ることができませんが、夜空には冬の天の川が大きく天を横切っています。その天の川に浮かぶように輝くのは**冬の大三角**。**おおいぬ座**の**シリウス**、**オリオン座**の**ベテルギウス**、**こいぬ座**の**プロキオン**で形作る大きな三角形です。冬の星座のシンボルともいえる**オリオン座**を見つけたら、この大三角にも目を向けてみてください。

　東の空からは宵のうちから春の星座が姿を見せるようになってきました。冬の夜、星空から聞こえる春の足音に耳を傾けてみませんか。

● 2月の二十四節気と雑節・五節供

節分（3日）：年の季節による区切り。もとは四季それぞれに節分があった。
立春（4日）：春の始まり。立夏前までが暦の上での春となる。
雨水（19日）：降る雪が雨に変わり、積雪が溶け始めるころ。

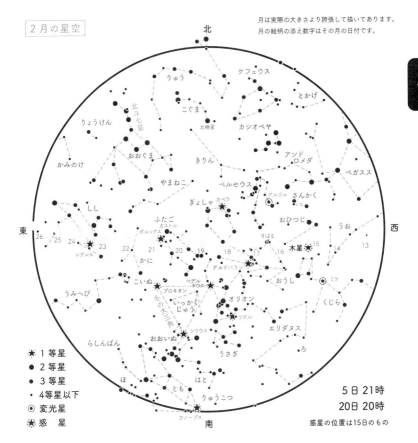

2月の星空

月は実際の大きさより誇張して描いてあります。
月の絵柄の添え数字はその月の日付です。

5日21時
20日20時

惑星の位置は15日のもの

★ 1等星
● 2等星
• 3等星
· 4等星以下
⊙ 変光星
✳ 惑　星

冬の大三角の星以外にも、冬の星座には明るい星がたくさんあります。おおいぬ座のシリウス、オリオン座のリゲル、おうし座のアルデバラン、ぎょしゃ座のカペラ、ふたご座のポルックス、こいぬ座のプロキオンを結んでできる冬の大六角形は、冬のダイヤモンドともよばれています。

7日の明け方の空
（5時30分）

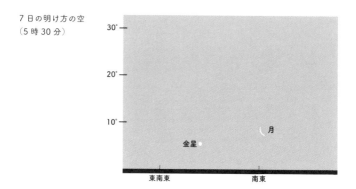

　明け方の空の主役は相変わらず**金星**です。7日の明け方に
は近くに細い月がやってきて並びます。旧暦でいえば、10
日の旧正月を目の前とした旧年末のころともいえるでしょう
か。でも空の色は、澄み切った年末とはすでに少し違うかも。
明け方の空に春の気配を探してみてください。

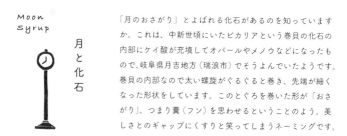

Moon Syrup

月と化石

「月のおさがり」とよばれる化石があるのを知っていますか。これは、中新世頃にいたビカリアという巻貝の化石の内部にケイ酸が充填してオパールやメノウなどになったもので、岐阜県月吉地方（瑞浪市）でそうよんでいたようです。巻貝の内部なので太い螺旋がぐるぐると巻き、先端が細くなった形状をしています。このとぐろを巻いた形が「おさがり」、つまり糞（フン）を思わせるということのよう。美しさとのギャップにくすりと笑ってしまうネーミングです。

3 月 の こ よ み

◉

弥生 ［やよい］

3月の月のこよみ

3月の朔弦望

- ◗ 3月4日 00:23
- ● 3月10日 18:00
- ◗ 3月17日 13:11
- ○ 3月25日 16:00

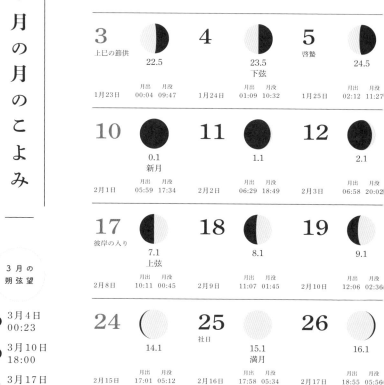

3
上巳の節供
22.5
1月23日 　月出 00:04 　月没 09:47

4
23.5
下弦
1月24日 　月出 01:09 　月没 10:32

5
啓蟄
24.5
1月25日 　月出 02:12 　月没 11:27

10
0.1
新月
2月1日 　月出 05:59 　月没 17:34

11
1.1
2月2日 　月出 06:29 　月没 18:49

12
2.1
2月3日 　月出 06:58 　月没 20:02

17
彼岸の入り
7.1
上弦
2月8日 　月出 10:11 　月没 00:45

18
8.1
2月9日 　月出 11:07 　月没 01:45

19
9.1
2月10日 　月出 12:06 　月没 02:36

24
14.1
2月15日 　月出 17:01 　月没 05:12

25
社日
15.1
満月
2月16日 　月出 17:58 　月没 05:34

26
16.1
2月17日 　月出 18:55 　月没 05:56

31
21.1
2月22日 　月出 ····· 　月没 08:28

　月出没時刻は東京でのもの、月齢は21時の月齢をあらわします。

WED	THU	FRI	SAT
		1 月齢 20.5	**2** 21.5
		旧暦 1月21日　月出 23:00　月没 08:40	1月22日　月出 ……　月没 09:11
6 25.5	**7** 26.5	**8** 27.5	**9** 28.5
月26日　月出 03:12　月没 12:32	1月27日　月出 04:04　月没 13:45	1月28日　月出 04:48　月没 15:01	1月29日　月出 05:26　月没 16:18
13 3.1	**14** 4.1	**15** 5.1	**16** 6.1
月4日　月出 07:29　月没 21:16	2月5日　月出 08:01　月没 22:28	2月6日　月出 08:39　月没 23:39	2月7日　月出 09:22　月没 ……
20 春分の日 春分	**21** 10.1	**22** 11.1	**23** 12.1
月11日　月出 13:07　月没 03:18	2月12日　月出 14:08　月没 03:53	2月13日　月出 15:07　月没 04:23	2月14日　月出 16:05　月没 04:49
27 17.1	**28** 18.1	**29** 19.1	**30** 20.1
月18日　月出 19:53　月没 06:19	2月19日　月出 20:53　月没 06:44	2月20日　月出 21:56　月没 07:13	2月21日　月出 23:00　月没 07:47

3
月

3 月 の ト ピ ッ ク ス

3月25日　今年2ばんめに小さい満月

3月の空のこよみ

　生活も気候も春に向かって勢いよく変化していく季節です。今年の桜は早いか遅いか、月と一緒に蕾を見上げて占ってみましょうか。3月は上巳の節供（ひなまつり）の翌日4日が下弦、10日が新月、彼岸の入りの17日が上弦、25日が**おとめ座**で今年2ばんめに小さい満月となります。

　夕方、西の空には**木星**がいます。**金星**がいない夕暮れの空では**木星**がもっとも明るく、日没後は一番星として真っ先に見えてくるでしょう。ただしこの**木星**も、来月4月の終わりごろには地平線へと姿を消します。

　20日の春分をすぎると、昼の時間が夜の時間を抜いてどんどん長くなっていきます。まだまだ先のような気がしていた春の訪れなのに、いつの間にか春の中に立っている。季節も人生も、そんなものかもしれません。月を傍らに、恐れずに春を謳歌して歩いて行けますように。

◉ **3月の二十四節気と雑節・五節供**

上巳の節供（3日）：桃の節句。ひなまつり。

啓蟄（5日）：冬眠していた虫たちが目覚めるころ。

彼岸の入り（17日）：春分を中心とする7日間が春の彼岸。

春分（20日）：昼夜の長さが等しくなる日*。

社日（25日）：生まれた土地の産土神にお参りする日。

＊大気差と太陽の大きさのため、昼のほうがわずかに長い。

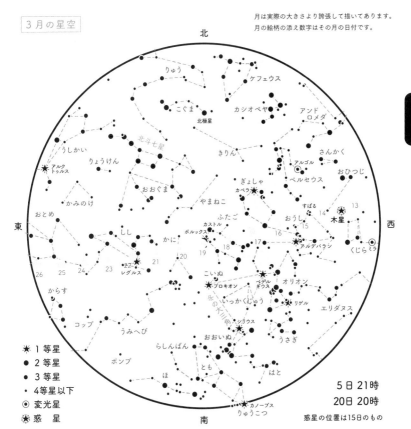

3 月の星空

月は実際の大きさより誇張して描いてあります。
月の絵柄の添え数字はその月の付日です。

北

りゅう
ケフェウス
こぐま
カシオペヤ
北極星
アンド
ロメダ
きりん
さんかく
アルゴル
おひつじ
うしかい
ペルセウス
アルク
トゥルス
りょうけん
北斗七星
ぎょしゃ
カペラ
おおぐま
すばる
やまねこ
14
木星
13
かみのけ
ふたご
おうし
15
おとめ
カストル
16
しし
かに
ポルックス
17
アルデバラン
18
しし
19
くじら
ミラ
26
25
24
23
22
レグルス
21
20
こいぬ
プロキオン
ベテル
ギウス
オリオン
からす
いっかくじゅう
リゲル
エリダヌス
コップ
うみへび
シリウス
うさぎ
おおいぬ
らしんばん
ポンプ
ほ
とも
はと
カノープス
りゅうこつ

東

西

南

★ 1 等星
● 2 等星
• 3 等星
· 4 等星以下
⊙ 変光星
✳ 惑　星

5 日 21時
20日 20時

惑星の位置は15日のもの

　　冬の星座は宵のうちに西空へ傾くようになっています。お
なじみの**オリオン座**以外にも、青白く輝く全天一の輝星**シリ
ウス**、星が群がるように集まって見える**プレヤデス星団（す
ばる）**、仲良く寄り添うように輝く**ふたご座**の**カストル**と**ポ
ルックス**など、見どころにあふれた冬の星空も見納めです。

13 日の宵の空
（20時00分）

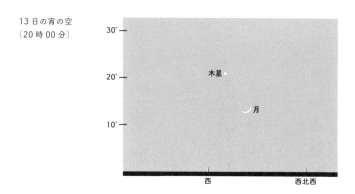

　宵の西空には 1 等星を持つ冬の星座たちがいますが、惑星の明るさにはかないません。13 日の宵の空には、明るい**木星**の近くに細い四日月がやってきます。宵の明星／明けの明星ともいわれる**金星**に対し、**木星**は「夜半の明星」ともよばれ、朝夕に限らず見ることができる惑星です。

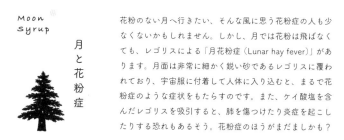

Moon
Syrup

月と花粉症

花粉のない月へ行きたい、そんな風に思う花粉症の人も少なくないかもしれません。しかし、月では花粉は飛ばなくても、レゴリスによる「月花粉症（Lunar hay fever）」があります。月面は非常に細かく鋭い砂であるレゴリスに覆われており、宇宙服に付着して人体に入り込むと、まるで花粉症のような症状をもたらすのです。また、ケイ酸塩を含んだレゴリスを吸引すると、肺を傷つけたり炎症を起こしたりする恐れもあるそう。花粉症のほうがまだましかも？

4月のこよみ

◉

卯月［うづき］

	SUN	MON	TUE

４月の月のこよみ

４月の朔弦望

- ● ４月２日 12:15
- ● ４月９日 03:21
- ◗ ４月16日 04:13
- ○ ４月24日 08:49

SUN	MON	TUE
	1 月齢 22.1 旧暦 2月23日 月出 00:03 月没 09:18	**2** 23.1 下弦 2月24日 月出 01:03 月没 10:18
7 28.1 2月29日 月出 04:25 月没 16:21	**8** 29.1 2月30日 月出 04:54 月没 17:34	**9** 0.7 新月 3月1日 月出 05:24 月没 18:48
14 5.7 3月6日 月出 08:56 月没 ……	**15** 6.7 3月7日 月出 09:56 月没 00:29	**16** 土用の入り 7.7 上弦 3月8日 月出 10:58 月没 01:16
21 12.7 3月13日 月出 15:51 月没 03:39	**22** 13.7 3月14日 月出 16:47 月没 04:01	**23** 14.7 3月15日 月出 17:45 月没 04:24
28 19.7 3月20日 月出 22:58 月没 07:15	**29** 昭和の日 20.7 3月21日 月出 23:52 月没 08:12	**30** 21.7 3月22日 月出 …… 月没 09:16

月出没時刻は東京でのもの、月齢は21時の月齢をあらわします。

WED	THU	FRI	SAT
3 24.1	**4** 清明 25.1	**5** 26.1	**6** 27.1
2月25日 月出 月没 01:56 11:26	2月26日 月出 月没 02:42 12:38	2月27日 月出 月没 03:21 13:53	2月28日 月出 月没 03:55 15:07
10 1.7	**11** 2.7	**12** 3.7	**13** 4.7
3月2日 月出 月没 05:56 20:03	3月3日 月出 月没 06:31 21:17	3月4日 月出 月没 07:13 22:29	3月5日 月出 月没 08:01 23:33
17 8.7	**18** 9.7	**19** 穀雨 10.7	**20** 11.7
3月9日 月出 月没 11:59 01:54	3月10日 月出 月没 13:00 02:26	3月11日 月出 月没 13:58 02:53	3月12日 月出 月没 14:54 03:17
24 15.7 満月	**25** 16.7	**26** 17.7	**27** 18.7
3月16日 月出 月没 18:46 04:48	3月17日 月出 月没 19:48 05:16	3月18日 月出 月没 20:53 05:48	3月19日 月出 月没 21:57 06:27

4
月

4月の空のこよみ

桜前線が通り過ぎたあとは、街角に色とりどりの花があふれる季節がやってきます。冬の間に固まった身体も心もふわりと解いて、風景や空の様子に足を止めながらゆっくり歩いてみませんか。4月は2日が下弦、9日が新月、土用の入りの16日に上弦、24日に**おとめ座**で満月となります。

明け方の空には**火星**と**土星**がいます。6日にはこの2星の近くに細い月がやってきます。また、11日には**火星**と**土星**が大接近して並びます。明け方の東の低空でぴったり寄り添う2つの惑星の姿を、ぜひ早起きしてご覧ください。

夜空に広がるのは春の星座たち。北の空をめぐる**おおぐま座**のしっぽ・**北斗七星**のひしゃくの柄のカーブを延長し、**うしかい座**の**アルクトゥルス**、**おとめ座**の**スピカ**へとつなぐ**春の大曲線**をたどりながら春の夜空を渡ってみましょう。寒さがゆるんで、冬場よりもゆったり星空散歩ができる春の夜を楽しんでください。

● 4月の二十四節気と雑節・五節供

清明（4日）：天地が明るくすがすがしくなるころ。

土用の入り（16日）：立夏の前日（5月4日）までが春の土用。

穀雨（19日）：穀物を育てる恵みの雨が降るころ。

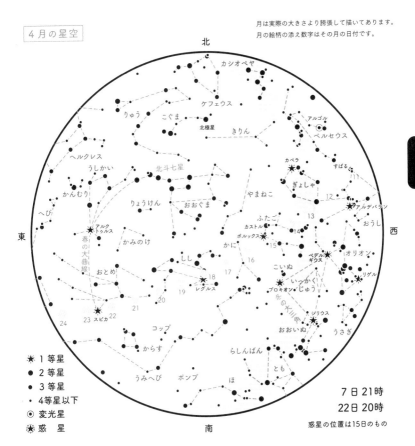

月は実際の大きさより誇張して描いてあります。
月の絵柄の添え数字はその月の日付です。

北

カシオペヤ

ケフェウス

りゅう
こぐま
北極星
きりん
アルゴル
ペルセウス

ヘルクレス
うしかい
北斗七星
カペラ
すばる
ぎょしゃ
やまねこ

かんむり
りょうけん
おおぐま
12
アルデバラン
おうし

へび
かみのけ
ふたご
カストル
ポルックス
13
14
ベテル
ギウス
オリオン

アルク
トゥルス
春の大曲線
かに
15
こいぬ
いっかく
プロキオン
じゅう
リゲル

おとめ
しし
16
17
18
レグルス
19
おおいぬ
シリウス
うさぎ

24
23 スピカ
22
21
20
コップ
からす

らしんばん
とも
ほ

うみへび
ポンプ

東

西

★ 1等星
● 2等星
・ 3等星
・ 4等星以下
◎ 変光星
✹ 惑星

7日21時
22日20時

惑星の位置は15日のもの

南

　今年は日本では月食も日食も見られませんが、世界では日食が2回起こります。4月9日にはメキシコやアメリカなどで**皆既日食**、10月3日にはチリやアルゼンチンで**金環日食**が起こります。現地まで行って実際に見るのはむずかしいですが、インターネット中継などでも見ることができます。

11 日の宵の空
（19 時 30 分）

30°

アルデバラン

ヒアデス星団　　　すばる

20°

月

10°

木星

西　　　　　　西北西

　夜空は春の星座に覆われていますが、宵の西空にはまだ冬の星座たちも居残っています。11 日の宵の空では、明るい**木星**の近くに細い月がやってきます。月がいるのは**おうし座**で、オレンジ色をした**おうし座の 1 等星アルデバラン**や**ヒアデス星団**、**すばる**（プレヤデス星団）も近くに見えています。

Moon
Syrup

月
と
花

月のことわざはいろいろあります。「月に叢雲花に風」は、良いことには邪魔が入りやすく、長く続かないことの例えです。明るく輝いている月には雲がかかり、美しく咲き誇る花には風が吹きつけて散らしてしまう。ちょっと悲観的な気がしてしまいますが、雲はいつかは去り、花は散ってもまた季節がくれば咲いてくれます。毎日見上げていれば、月がきれいに見える晩は必ずやってくる。そう思うと、希望のある言葉にも聞こえてくるから不思議です。

５月のこよみ
◉

皐月［さつき］

SUN   MON   TUE

5月の月のこよみ

5月の朔弦望

● 5月1日 20:27

● 5月8日 12:22

◗ 5月15日 20:48

○ 5月23日 22:53

◗ 5月31日 02:13

5
こどもの日
立夏
端午の節供
26.7
3月27日 月出 02:53 月没 15:12

6
振替休日
27.7
3月28日 月出 03:21 月没 16:23

7
28.7
3月29日 月出 03:51 月没 17:37

12
4.4
4月5日 月出 07:41 月没 23:08

13
5.4
4月6日 月出 08:44 月没 23:51

14
6.4
4月7日 月出 09:47 月没 ……

19
11.4
4月12日 月出 14:38 月没 02:05

20
小満
12.4
4月13日 月出 15:36 月没 02:27

21
13.4
4月14日 月出 16:35 月没 02:51

26
18.4
4月19日 月出 21:48 月没 06:06

27
19.4
4月20日 月出 22:38 月没 07:09

28
20.4
4月21日 月出 23:20 月没 08:18

WED	THU	FRI	SAT
1 十八夜 月齢 22.7 下弦 旧暦 3月23日 月出 00:40 月没 10:26	**2** 23.7 3月24日 月出 01:20 月没 11:38	**3** 憲法記念日 24.7 3月25日 月出 01:54 月没 12:49	**4** みどりの日 25.7 3月26日 月出 02:24 月没 14:00
8 0.4 新月 4月1日 月出 04:24 月没 18:51	**9** 1.4 4月2日 月出 05:03 月没 20:05	**10** 2.4 4月3日 月出 05:48 月没 21:15	**11** 3.4 4月4日 月出 06:42 月没 22:16
15 7.4 上弦 4月8日 月出 10:49 月没 00:26	**16** 8.4 4月9日 月出 11:48 月没 00:55	**17** 9.4 4月10日 月出 12:46 月没 01:20	**18** 10.4 4月11日 月出 13:42 月没 01:43
22 14.4 4月15日 月出 17:37 月没 03:17	**23** 15.4 満月 4月16日 月出 18:42 月没 03:48	**24** 16.4 4月17日 月出 19:47 月没 04:25	**25** 17.4 4月18日 月出 20:51 月没 05:11
29 21.4 4月22日 月出 23:56 月没 09:29	**30** 22.4 4月23日 月出 ----- 月没 10:40	**31** 23.4 下弦 4月24日 月出 00:27 月没 11:50	

5月

５月の空のこよみ

新緑を揺らすさわやかな風が吹き、降り注ぐ月光も瑞々しい生命力にあふれているような５月のよるべ。月は八十八夜の１日が下弦、８日が新月、15日が上弦、23日が**さそり座**で満月、そして31日にふたたび下弦となります。

明け方の空では**火星**と**土星**が見やすくなってきました。４日〜５日の明け方には新月前の細い月が、４日は**土星**、５日は**火星**の近くにやってきます（p.48参照）。土日でゴールデンウィーク中というタイミングですので、旅先の人も、どこにも出かけないという人も、早朝の窓から美しい明け方を迎えてみてはいかがでしょうか。なお、５日は月が**火星**を隠す**火星食**が起こりますが、明るい昼間の空で起こるので、残念ながら肉眼で見ることはできません。

大きく腕を伸ばして**春の大曲線**をたどり、さらに伸ばした先にある**からす座**や**うみへび座**までたどれば、春の夜はあなたのもの。どこまでも歩いていけそうな、そんな気がしませんか。

● ５月の二十四節気と雑節・五節供

八十八夜（１日）：最後の遅霜のころ。農作業の目安。
端午の節供（５日）：こいのぼりを立てて立身出世を願う日。
立夏（５日）：夏の始まり。立秋前までが暦の上での夏となる。
小満（20日）：草木が茂り満ちてくるころ。

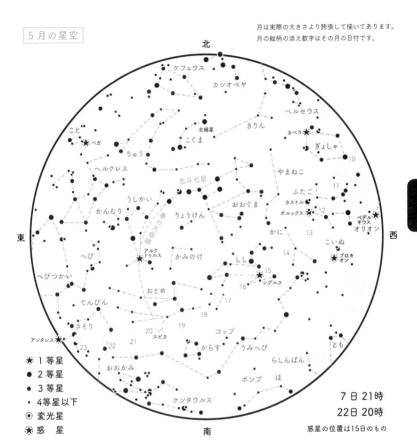

月は実際の大きさより誇張して描いてあります。
月の絵柄の添え数字はその月の日付です。

北

ケフェウス
カシオペヤ
ペルセウス
こと
ベガ
りゅう
こぐま
きりん
北極星
カペラ
ぎょしゃ
ヘルクレス
10
北斗七星
やまねこ
うしかい
おおぐま
ふたご
11
かんむり
りょうけん
カストル
12
ポルックス
ベテル
ギウス
オリオン
春の大曲線
かに
13
東
西
アルク
トゥルス
かみのけ
こいぬ
へび
14
プロキ
オン
へびつかい
おとめ
しし
15
レグルス
16
てんびん
17
さそり
18
アンタレス
19
コップ
23
22
21
20
スピカ
からす
うみへび
とも
おおかみ
らしんばん
ケンタウルス
ポンプ
ほ

★ 1等星
● 2等星
● 3等星
・ 4等星以下
◉ 変光星
✷ 惑 星

7日21時
22日20時

惑星の位置は15日のもの

南

　北の空にかかる**北斗七星**のひしゃく。上の星図で北の空を
見るときは本を逆さまに、「北」と書いている方を下にして、
夜空と見くらべて参考にしてください。5月の宵の空の**北斗
七星**はひしゃくを下に向けた姿で空にかかっており、**北極星**
を中心に反時計回りで動いていきます。

4 日～ 5 日の
明け方の空
（3 時 30 分ごろ）

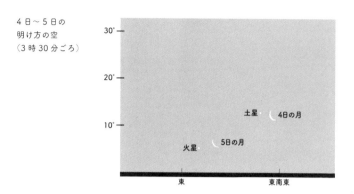

30°

20°

10°

土星　　4日の月

5日の月

火星

東　　　　　　　　　東南東

　　明け方の空にいるのは**土星**と**火星**。その近くを、4 日～ 5
日に細い月が通り過ぎていくのが見られます。**土星**がいるの
は**みずがめ座**、**火星**がいるのは**うお座**です。6 月の夏至を目
の前に夜明けがどんどん早まっている 5 月の明け方の東の空
にかかるのは、夏を飛び越えてもう秋の星座です。

Moon
Syrup

月
と
食
卓

2040 年ごろには長期滞在も可能になるといわれている月。
人が住むとなれば、もちろん食料が必要です。そのため、
月で食料を生産し自給自足するための研究が進んでいます。
農場を作り、そこでさまざまな作物を育てるという構想も
あるそう。月面産のレタスやトマト、お米…どんな味がす
るのでしょうか？ 野菜だけでなく培養肉の研究も進んで
いるとか。夜空に輝く月とそれを見上げる地球上で、同じ
メニューが食卓に並ぶ日が来るのかもしれませんね。

6月のこよみ

水無月［みなづき］

6月

6月の月のこよみ

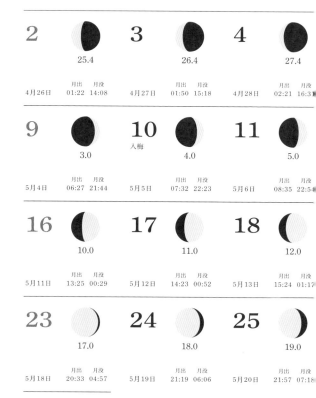

6月の朔弦望

● 6月6日
21:38

◗ 6月14日
14:18

○ 6月22日
10:08

◗ 6月29日
06:53

	SUN	MON	TUE
	2 25.4 4月26日　月出 01:22　月没 14:08	**3** 26.4 4月27日　月出 01:50　月没 15:18	**4** 27.4 4月28日　月出 02:21　月没 16:3▌
	9 3.0 5月4日　月出 06:27　月没 21:44	**10** 入梅 4.0 5月5日　月出 07:32　月没 22:23	**11** 5.0 5月6日　月出 08:35　月没 22:5▌
	16 10.0 5月11日　月出 13:25　月没 00:29	**17** 11.0 5月12日　月出 14:23　月没 00:52	**18** 12.0 5月13日　月出 15:24　月没 01:1▌
	23 17.0 5月18日　月出 20:33　月没 04:57	**24** 18.0 5月19日　月出 21:19　月没 06:06	**25** 19.0 5月20日　月出 21:57　月没 07:1▌
	30 24.0 5月25日　月出 ·····　月没 13:08		

月出没時刻は東京でのもの、月齢は21時の月齢をあらわします。

			1
			月齢 24.4
			旧暦 4月25日 月出 00:55 月没 12:59

6月

5 芒種	**6**	**7**	**8**
28.4	29.4 新月	1.0	2.0
月29日 月出 02:57 月没 17:44	5月1日 月出 03:38 月没 18:55	5月2日 月出 04:28 月没 20:00	5月3日 月出 05:25 月没 20:57

12	**13**	**14**	**15**
6.0	7.0	8.0 上弦	9.0
月7日 月出 09:36 月没 23:21	5月8日 月出 10:35 月没 23:45	5月9日 月出 11:32 月没 -----	5月10日 月出 12:28 月没 00:07

19	**20**	**21** 夏至	**22**
13.0	14.0	15.0	16.0 満月
月14日 月出 16:27 月没 01:46	5月15日 月出 17:33 月没 02:21	5月16日 月出 18:38 月没 03:03	5月17日 月出 19:39 月没 03:55

26	**27**	**28**	**29**
20.0	21.0	22.0	23.0 下弦
月21日 月出 22:29 月没 08:31	5月22日 月出 22:58 月没 09:42	5月23日 月出 23:26 月没 10:51	5月24日 月出 23:53 月没 12:00

6月のトピックス

6月20日 アンタレス食

<h1>6月の空のこよみ</h1>

すっきりしない空模様に、蒸し蒸しと立ち込める湿気。夏を迎える前の儀式のように空気が重たくのしかかる梅雨の時期ですが、湿気ににじんだ月や星の姿もまたこの季節ならでは。6月は芒種の翌日の6日が新月、14日が上弦、22日が**いて座**で満月、29日が下弦となります。

夏至の前日である20日は、月が**アンタレス**を隠す**アンタレス食**が起こります。日の入り前の明るい空の中で起こる現象なので、見るのはむずかしいと思いますが、食が終わったあとの明るい月に**アンタレス**が寄り添う様子はひと晩じゅう楽しめます。なお、北海道や東北などでは接近のみで、食にはなりません。

21日の夏至の日の出は東京で4時26分、日の入りは19時00分。これから暑い夏がやって来るのを思うと太陽がうらめしく思える日もありますが、日が長いのはやはりうれしく感じられるもの。月の出は18時38分で、まだ明るい空を昇ってくる月はほぼ真ん丸です。

● 6月の二十四節気と雑節・五節供

芒種（5日）：穀物の種まきをするころ。
入梅（10日）：梅雨入りのころ。
夏至（21日）：昼がもっとも長くなる日。

月は実際の大きさより誇張して描いてあります。
月の絵柄の添え数字はその月の日付です。

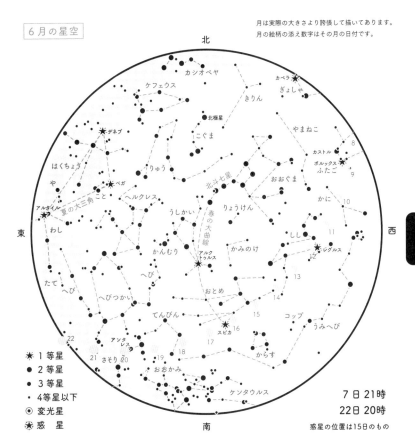

北

カシオペヤ
ケフェウス
きりん
カペラ
ぎょしゃ
やまねこ
北極星
こぐま
カストル
8
ポルックス
ふたご
9
おおぐま
かに
10
りゅう
北斗七星
おおぐま
デネブ
はくちょう
や
ベガ
こと
夏の大三角
ヘルクレス
うしかい
春の大曲線
りょうけん
かみのけ
しし
11
レグルス
12
アルタイル
わし
かんむり
アルク
トゥルス
へび
おとめ
13
たて
へび
へびつかい
てんびん
14
15
コップ
うみへび
スピカ
16
22
17
からす
アンタレス
21
さそり 20
19
18
おおかみ
ケンタウルス

東 / 西

6月

★ 1等星
● 2等星
● 3等星
· 4等星以下
◉ 変光星
✹ 惑星

7日 21時
22日 20時
惑星の位置は15日のもの

南

　夏の星座の中でもいち早く昇ってくるのが**さそり座**です。
20日に食となる**アンタレス**はさそりの心臓を示す1等星。
梅雨の湿気をおびた空に鈍く赤く光る**アンタレス**は存在感が
ありますが、**アンタレス食**の日は満月前の月が近くにあるの
で、大きな月の輝きの横では大人しく見えるはずです。

6月のおすすめ観月日

28日の未明の空
（0時30分）

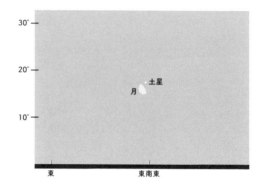

　夜半を過ぎると、東の空からは**みずがめ座**にいる**土星**が昇ってきます。27日〜28日に日付が変わったころ昇ってきた**土星**の近くには、下弦前の大きな月が寄り添って見えます。そのしばらく後には**火星**、明け方の低空には**木星**も姿を見せます。夏至からまだ一週間、もっとも夜明けが早いころです。

Moon
Syrup

月と遺跡

　メキシコのテオティワカン遺跡には、「月の広場」に建つ「月のピラミッド」があります。そして、ここを起点とした「死者の大通り」というメインストリートがあり、多くの神殿やモニュメントが建ち並んでいます。中でも一番大きな「太陽のピラミッド」は夏至の日に太陽が正面に沈むように設計されているそうです。紀元前2〜6世紀頃に栄え、その後衰退したといわれるこの都市ですが、太陽と月は変わらず昇り、沈んでゆく。人間の時間の儚さを感じます。

7 月 の こ よ み

◉

文月 ［ふみづき］

7
月

7月の月のこよみ

7月の朔弦望

● 7月6日
07:57

◐ 7月14日
07:49

○ 7月21日
19:17

◑ 7月28日
11:52

	SUN	MON	TUE
		1 半夏生 月齢 25.0	**2** 26.0
		旧暦 5月26日 月出 00:22 月没 14:18	5月27日 月出 00:55 月没 15:30
	7 七夕の節供 1.5	**8** 2.5	**9** 3.5
	6月2日 月出 05:17 月没 20:19	6月3日 月出 06:21 月没 20:53	6月4日 月出 07:24 月没 21:22
	14 8.5 上弦	**15** 海の日 9.5	**16** 10.5
	6月9日 月出 12:11 月没 23:18	6月10日 月出 13:10 月没 23:44	6月11日 月出 14:12 月没 -----
	21 15.5 満月	**22** 大暑 16.5	**23** 17.5
	6月16日 月出 19:12 月没 03:47	6月17日 月出 19:54 月没 05:00	6月18日 月出 20:29 月没 06:15
	28 22.5 下弦	**29** 23.5	**30** 24.5
	6月23日 月出 22:57 月没 12:11	6月24日 月出 23:33 月没 13:21	6月25日 月出 ----- 月没 14:31

月出没時刻は東京でのもの、月齢は21時の月齢をあらわします。

WED		THU		FRI		SAT	

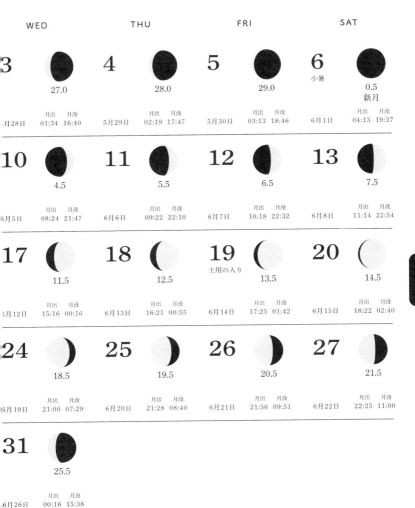

3 27.0
4月28日　月出 01:34　月没 16:40

4 28.0
5月29日　月出 02:19　月没 17:47

5 29.0
5月30日　月出 03:13　月没 18:46

6 小暑　0.5　新月
6月1日　月出 04:13　月没 19:37

10 4.5
6月5日　月出 08:24　月没 21:47

11 5.5
6月6日　月出 09:22　月没 22:10

12 6.5
6月7日　月出 10:18　月没 22:32

13 7.5
6月8日　月出 11:14　月没 22:54

17 11.5
6月12日　月出 15:16　月没 00:16

18 12.5
6月13日　月出 16:21　月没 00:55

19 土用の入り　13.5
6月14日　月出 17:25　月没 01:42

20 14.5
6月15日　月出 18:22　月没 02:40

24 18.5
6月19日　月出 21:00　月没 07:29

25 19.5
6月20日　月出 21:28　月没 08:40

26 20.5
6月21日　月出 21:56　月没 09:51

27 21.5
6月22日　月出 22:25　月没 11:00

31 25.5
6月26日　月出 00:16　月没 15:38

7月

7月のトピックス

7月25日　土星食

57

　7月に入れば気になるのは梅雨明けの知らせ。「もう明けたかな?」と思うような天候でも、実際に宣言が出されるとひと味違う感慨があります。今年も夏がやってきたのです。7月は小暑の6日が新月、14日が上弦、大暑の前日の21日が**やぎ座**で満月、28日が下弦です。

　25日の朝には**土星食**が起こります。月と**土星**は南西の空低くなり、すでに日の出を迎えた明るい空なので、食自体を見るのはむずかしいですが、前夜〜明け方にかけてしだいに月と**土星**が近付いていく様子が楽しめるでしょう。なお、12月8日には宵の空で見られる**土星食**も起こります(p.14参照)。

　7日は七夕の節供。旧暦では上弦近くの月が空にある日ですが、今の暦では毎年月の形は変わります。今年は新月の翌日なので、細い細い繊月です。笹の葉にも隠れそうなすらりと美しい月に、どんな願いをかけましょうか?

● 7月の二十四節気と雑節・五節供

半夏生(1日):毒気が降るといわれた梅雨終わりのころ。
小暑(6日):梅雨が明け暑くなってくるころ。
七夕の節供(7日):七夕。星祭りが各地で行われる。
土用の入り(19日):立秋の前日(8月6日)までが夏の土用。
大暑(22日):もっとも暑さきわまるころ。

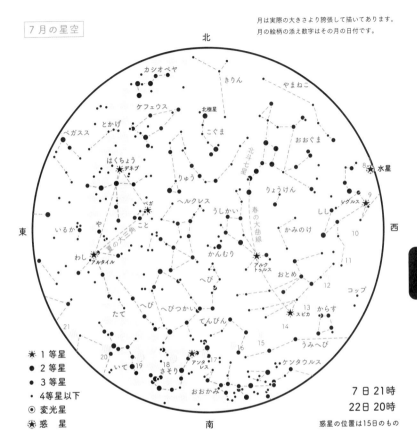

月は実際の大きさより誇張して描いてあります。
月の絵柄の添え数字はその月の日付です。

北

カシオペヤ

きりん

やまねこ

ケフェウス

北極星

とかげ

こぐま

おおぐま

ペガスス

北斗七星

はくちょう
デネブ

りゅう

りょうけん

水星 8

ヘルクレス

うしかい

しし

レグルス 9

ベガ
こと

春の大曲線

かみのけ

10

いるか

や

夏の大三角

かんむり

アルク
トゥルス

11

東

西

わし
アルタイル

へび

おとめ

12

てんびん

コップ

たて

へび

へびつかい

スピカ 13

からす

21

16

15

14

うみへび

20

いて 19

さそり

18

アンタ
レス 17

ケンタウルス

おおかみ

南

* 1等星
● 2等星
• 3等星
· 4等星以下
◎ 変光星
✹ 惑 星

7日 21時
22日 20時

惑星の位置は15日のもの

　南の空低く、夏の星座の**さそり座**と**いて座**が見えています。
明るい街中では見られませんが、このあたりは一番天の川が
濃く見える場所です。天の川は夏の**大三角**を通り、北の空の
カシオペヤ座のあたりへと流れています。星とともに天の川
が空を移動していく様子は、とても雄大な眺めです。

31日の未明の空
（1時30分）

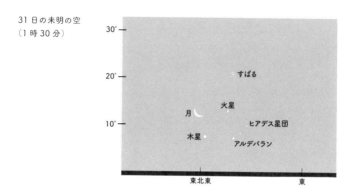

夏真っ盛りですが、明け方東の空にはもう冬の星座が姿を見せます。冬の星座で最初に昇ってくる**おうし座**には**木星**と**火星**がいて、**おうし座**の1等星**アルデバラン**や**ヒアデス星団**、**すばる**などとともににぎやかな光景となっています。31日にはそこに新月前の細い月も加わって、ますます華やかです。

Moon Syrup

月と花火

ドンと地響きのように、どこからか、打上げ花火の音が聞こえてくると、夏だなあと感じます。打上げ花火の玉の中には「星」とよばれる火薬の粒と、それを飛ばす「割薬」とよばれる火薬の粒が詰められています。火薬の種類や詰め方でさまざまな絵を夜空に描くこともでき、土星の形を模した花火なんかも。また、開いた花火の中心に落下傘で吊った小さな照明が残るものを「残月（残光）」ともよぶそうです。夏ならではの一瞬の星や月、眺めてみませんか。

8月

8月のこよみ
。

葉月［はづき］

８月の月のこよみ

８月の朔弦望

● ８月4日 20:13

◗ ８月13日 00:19

○ ８月20日 03:26

◗ ８月26日 18:26

SUN	MON	TUE
4 0.0 新月 7月1日 月出 04:09 月没 18:53	**5** 1.0 7月2日 月出 05:12 月没 19:23	**6** 2.0 7月3日 月出 06:13 月没 19:49
11 山の日 7.0 7月8日 月出 10:59 月没 21:44	**12** 振替休日 8.0 7月9日 月出 11:59 月没 22:13	**13** 9.0 上弦 7月10日 月出 13:01 月没 22:48
18 14.0 7月15日 月出 17:46 月没 02:35	**19** 15.0 7月16日 月出 18:25 月没 03:50	**20** 16.0 満月 7月17日 月出 18:58 月没 05:06
25 21.0 7月22日 月出 21:32 月没 11:11	**26** 22.0 下弦 7月23日 月出 22:14 月没 12:23	**27** 23.0 7月24日 月出 23:02 月没 13:32

月出没時刻は東京でのもの、月齢は21時の月齢をあらわします。

WED	THU	FRI	SAT
	1 月齢 26.5	**2** 27.5	**3** 28.5
	旧暦 6月27日　月出 01:06　月没 16:40	6月28日　月出 02:03　月没 17:32	6月29日　月出 03:05　月没 18:16
7 立秋 3.0	**8** 4.0	**9** 5.0	**10** 旧七夕 6.0
月4日　月出 07:12　月没 20:13	7月5日　月出 08:09　月没 20:35	7月6日　月出 09:05　月没 20:57	7月7日　月出 10:01　月没 21:19
14 10.0	**15** 11.0	**16** 12.0	**17** 13.0
月11日　月出 14:05　月没 23:30	7月12日　月出 15:08　月没 -----	7月13日　月出 16:08　月没 00:23	7月14日　月出 17:01　月没 01:25
21 17.0	**22** 処暑 18.0	**23** 19.0	**24** 20.0
月18日　月出 19:28　月没 06:21	7月19日　月出 19:57　月没 07:34	7月20日　月出 20:26　月没 08:46	7月21日　月出 20:57　月没 09:59
28 24.0	**29** 25.0	**30** 26.0	**31** 二百十日 27.0
月25日　月出 23:57　月没 14:35	7月26日　月出 -----　月没 15:30	7月27日　月出 00:58　月没 16:16	7月28日　月出 02:01　月没 16:54

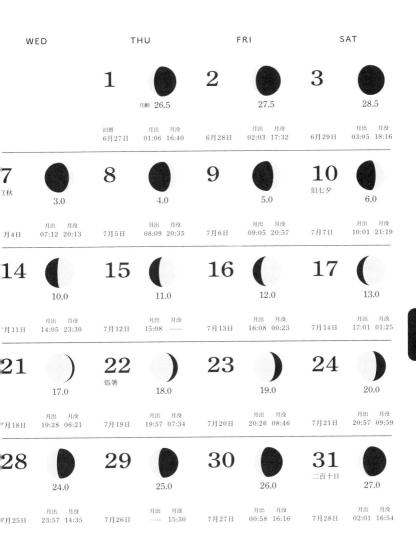

8
月

8月のトピックス

8月10日　スピカ食

63

8月の空のこよみ

立ち上る陽炎、流れる汗、日が落ちても熱のさめない熱帯夜。暑さに体力を奪われがちですが、太陽のエネルギーにあふれたこの季節の記憶を身体に蓄え、今年の後半の日々の糧にしたいもの。8月は4日が新月、13日が上弦、20日が**やぎ座**で満月、26日が下弦となります。

10日は旧暦の七夕です。空には上弦前の月の舟がかかっています。この日の日没後、20時過ぎに西の空では**スピカ食**が起こります(p.66参照)。**おとめ座**の1等星**スピカ**が月に隠される様子は、低空でもありわかりにくいですが、月の舟が西の空へ沈んでいくのを追いながら注目してみてください。なお、東北北部より北の地域では食となりません。

12日は**ペルセウス座流星群**の極大日です。12日の夜〜13日の明け方にかけて空を見上げてみましょう。日付が変わる前に月は沈むので、月明かりもなく好条件です。夏の夜空を駆け抜ける流れ星、いくつつかまえられるでしょうか。

● 8月の二十四節気と雑節・五節供

立秋(7日):秋の始まり。立冬前までが暦の上での秋となる。

処暑(22日):暑さがおさまるころ。

二百十日(31日):台風の注意日。

月は実際の大きさより誇張して描いてあります。
月の絵柄の添え数字はその月の日付です。

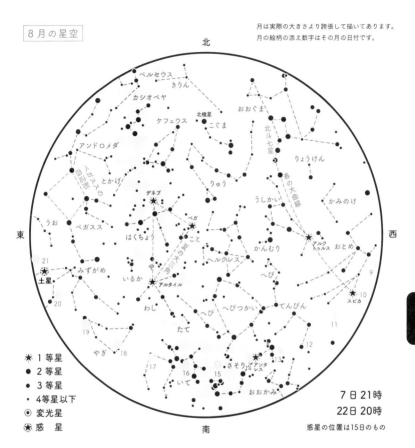

北

ペルセウス
きりん
カシオペヤ
ケフェウス
北極星
おおぐま
こぐま
北斗七星
アンドロメダ
りょうけん
とかげ
りゅう
春の大曲線
デネブ
うしかい
かみのけ
ベガ
うお
ペガスス
こと
はくちょう
かんむり
アルク
トゥルス おとめ
や
ヘルクレス
へび
土星
みずがめ
いるか
アルタイル
へび
へびつかい
てんびん
21
スピカ
10
わし
20
たて
19
やぎ 18
11
17
16
15
さそり アンタ
レス
12
いて
13
14
9
おおかみ

東　　　　　　　　　　　　　　　　　　　　　　　西

南

★ 1等星
● 2等星
● 3等星
· 4等星以下
⊙ 変光星
✳ 惑　星

7日21時
22日20時

惑星の位置は15日のもの

8
月

　七夕の織姫星と彦星は、**こと**座の**ベガ**と**わし**座の**アルタイ
ル**。この2星と**はくちょう**座の**デネブ**を結んだのが**夏の大三
角**です。七夕から約1か月後の旧七夕のころには、宵のうち
から高く昇って見やすくなります。空をゆく船の帆のような
大三角とともに、真夏の夜空を渡りましょう。

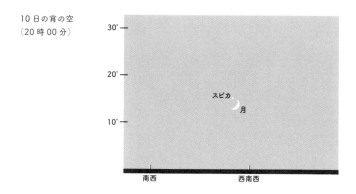

10 日の宵の空
（20 時 00 分）

今年はいくつか見やすい星食が起こります。10 日に起こ
るのは**スピカ食**。宵の西空の月と**スピカ**に注目してください。
スピカが隠されるのは東京で 20 時 25 分ごろ。月の欠けた側
にある**スピカ**がふっと隠れる様子は、双眼鏡があると見やす
いと思います。なお、**スピカ食**は 12 月 25 日にも起こります。

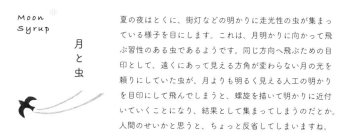

Moon
Syrup

月と虫

夏の夜はとくに、街灯などの明かりに走光性の虫が集まっ
ている様子を目にします。これは、月明かりに向かって飛
ぶ習性のある虫であるようです。同じ方向へ飛ぶための目
印として、遠くにあって見える方角が変わらない月の光を
頼りにしていた虫が、月よりも明るく見える人工の明かり
を目印にして飛んでしまうと、螺旋を描いて明かりに近付
いていくことになり、結果として集まってしまうのだとか。
人間のせいかと思うと、ちょっと反省してしまいますね。

9月のこよみ

◉

長月［ながつき］

	SUN	MON	TUE

9月の月のこよみ

SUN	MON	TUE
1 月齢 28.0	**2** 29.0	**3** 0.4 新月
旧暦 7月29日 月出 03:04 月没 17:26	7月30日 月出 04:05 月没 17:53	8月1日 月出 05:04 月没 18:12
8 5.4	**9** 重陽の節供 6.4	**10** 二百二十日 7.4
8月6日 月出 09:50 月没 20:14	8月7日 月出 10:50 月没 20:46	8月8日 月出 11:52 月没 21:24
15 12.4	**16** 敬老の日 13.4	**17** 中秋 14.4
8月13日 月出 16:18 月没 01:24	8月14日 月出 16:53 月没 02:38	8月15日 月出 17:24 月没 03:53
22 秋分の日 秋分 19.4	**23** 振替休日 20.4	**24** 21.4
8月20日 月出 20:09 月没 10:07	8月21日 月出 20:56 月没 11:20	8月22日 月出 21:50 月没 12:28
29 26.4	**30** 27.4	
8月27日 月出 01:58 月没 15:57	8月28日 月出 02:58 月没 16:22	

9月の朔弦望

- ● 9月3日 10:56
- ☽ 9月11日 15:06
- ○ 9月18日 11:34
- ☾ 9月25日 03:50

　月出没時刻は東京でのもの、月齢は21時の月齢をあらわします。

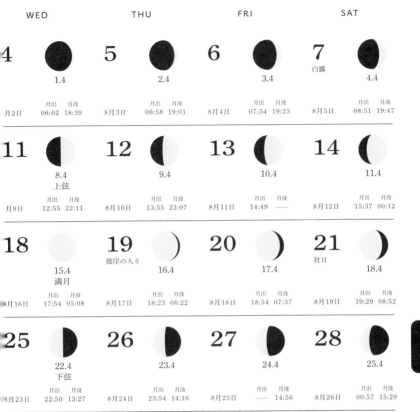

WED	THU	FRI	SAT
4 1.4 月2日 月出06:02 月没18:39	**5** 2.4 8月3日 月出06:58 月没19:01	**6** 3.4 8月4日 月出07:54 月没19:23	**7** 白露 4.4 8月5日 月出08:51 月没19:47
11 8.4 上弦 月9日 月出12:55 月没22:11	**12** 9.4 8月10日 月出13:55 月没23:07	**13** 10.4 8月11日 月出14:49 月没-----	**14** 11.4 8月12日 月出15:37 月没00:12
18 15.4 満月 月16日 月出17:54 月没05:08	**19** 彼岸の入り 16.4 8月17日 月出18:23 月没06:22	**20** 17.4 8月18日 月出18:54 月没07:37	**21** 社日 18.4 8月19日 月出19:29 月没08:52
25 22.4 下弦 月23日 月出22:50 月没13:27	**26** 23.4 8月24日 月出23:54 月没14:16	**27** 24.4 8月25日 月出----- 月没14:56	**28** 25.4 8月26日 月出00:57 月没15:29

9月

9月のトピックス

9月17日　中秋の名月
9月18日　今年2ばんめに大きい満月

9月の空のこよみ

　夏の火照りを冷ましてさらっていく秋の風。暑さも終わりかと思ったら急に残暑に襲われる日もありますが、いつの間にか季節は進み、気付けば夏は振り返っても見えない場所へ。9月は3日に新月、二百二十日の翌日の11日に上弦、中秋の翌日18日に**うお座**で今年2ばんめに大きい満月、25日に下弦となります。

　17日は中秋の名月です。今年は満月1日手前の少し欠けた名月となります。高い空に浮かぶ名月は、夏の月とはやはり違って見えるはず。10月の十三夜月も楽しみに、まずはひとつめの名月を目に焼き付けましょう。

　木星と**火星**は夜半前には東の空から昇るようになり、とくに**木星**は見ごろを迎えています。夏至から3か月過ぎて、22日にはもう秋分です。日暮れは早く、夜明けは遅くなってきたのを実感しつつ、夜半の明星・**木星**を見上げます。

◉ 9月の二十四節気と雑節・五節供

白露（7日）：草木に露がつき始めるころ。
重陽の節供（9日）：長寿を願う、菊の節供。
二百二十日（10日）：台風の注意日。
彼岸の入り（19日）：秋分を中心とする7日間が秋の彼岸。
社日（21日）：生まれた土地の産土神にお参りする日。
秋分（22日）：昼夜の長さが等しくなる日*。

＊大気差と太陽の大きさのため、昼のほうがわずかに長い。

月は実際の大きさより誇張して描いてあります。
月の絵柄の添え数字はその月の日付です。

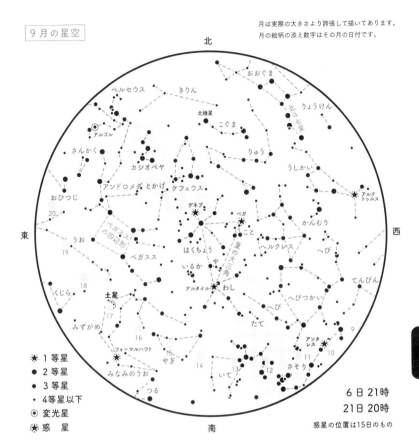

北

おおぐま

ペルセウス　きりん

北斗七星　りょうけん

北極星　こぐま

アルゴル

りゅう

さんかく

うしかい

カシオペヤ

アルクトゥルス

おひつじ

アンドロメダ　とかげ　ケフェウス

デネブ

ベガ

かんむり

東

20

うお

こと

はくちょう

ヘルクレス

へび

西

19

ペガススの四辺形

夏の大三角

いるか

や

てんびん

くじら

ペガスス

アルタイル　わし

へびつかい

みずがめ

17

へび

たて

土星

16

さそり

9

フォーマルハウト

15

やぎ

アンタレス

10

みなみのうお

14

いて

13

12

11

つる

※ 1等星
● 2等星
● 3等星
・ 4等星以下
◎ 変光星
※ 惑　星

6日 21時
21日 20時

惑星の位置は15日のもの

南

9月

　宵の空には**夏の大三角**が空高くかかっています。"夏の"
と名前は付いていますが、この三角はしだいに西空低くなり
ながら年末まで見え続けます。大三角を形作る**デネブ**を有す
る**はくちょう座**は、西の空に沈むときは大きな十字が立つよ
うに見え、「北十字」ともよばれます。

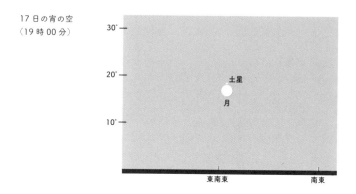

9月のおすすめ観月日

17日の宵の空
（19時00分）

30°

20°
土星
月

10°

東南東　　　　　　　　　南東

　旧暦8月15日の中秋は、今年は9月17日。今年の中秋の名月は満月の1日前で、ほんの少し欠けた月となります。とはいえ、ほとんど真ん丸に見えるのではないでしょうか。月のすぐそばには**土星**が寄り添っています。明るい月の近くだと見にくいですが、**土星**は見ごろを迎えています。

Moon
Syrup

月と童話

童話に登場することも多い月。アンデルセンの童話「絵のない絵本」は、月から聞いたお話という形で綴られた33話からなる短編集です。屋根裏部屋に住む貧しい画家の唯一の友達、遠い故郷と同じ懐かしい友達は、月。彼の小さな部屋を夜ごと訪れる月が語るのは、世界各地で見てきたささやかな風景です。ときに可愛らしい、ときに悲しい風景を鮮やかな筆致で描いた本作は、まさに絵のない絵本。優しく差し込む月の光が見えるかのようなお話です。

10 月 の こ よ み
◉

神 無 月 ［ か み な づ き ］

10月の月のこよみ

1
月齢 28.4
旧暦
8月29日   月出 03:56   月没 16:45

6
3.7
9月4日   月出 08:43   月没 18:47

7
4.7
9月5日   月出 09:44   月没 19:23

8 寒露
5.7
9月6日   月出 10:46   月没 20:06

13
10.7
9月11日   月出 14:48   月没 00:15

14 スポーツの日
11.7
9月12日   月出 15:20   月没 01:28

15 十三夜
12.7
9月13日   月出 15:50   月没 02:41

20 土用の入り
17.7
9月18日   月出 18:46   月没 08:58

21
18.7
9月19日   月出 19:39   月没 10:11

22
19.7
9月20日   月出 20:39   月没 11:16

27
24.7
9月25日   月出 00:51   月没 14:27

28
25.7
9月26日   月出 01:49   月没 14:50

29
26.7
9月27日   月出 02:46   月没 15:11

10月の朔弦望

● 10月3日 03:49

◗ 10月11日 03:55

○ 10月17日 20:26

◖ 10月24日 17:03

月出没時刻は東京でのもの、月齢は21時の月齢をあらわします。

WED	THU	FRI	SAT

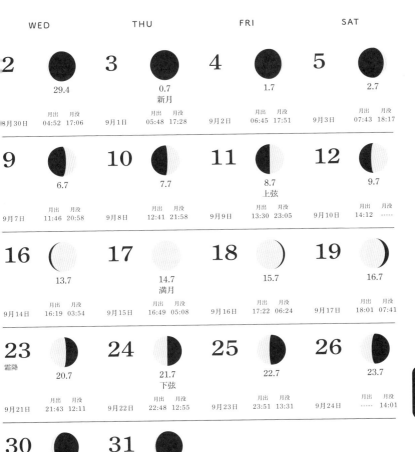

2 29.4 8月30日 月出 04:52 月没 17:06	**3** 0.7 新月 9月1日 月出 05:48 月没 17:28	**4** 1.7 9月2日 月出 06:45 月没 17:51	**5** 2.7 9月3日 月出 07:43 月没 18:17
9 6.7 9月7日 月出 11:46 月没 20:58	**10** 7.7 9月8日 月出 12:41 月没 21:58	**11** 8.7 上弦 9月9日 月出 13:30 月没 23:05	**12** 9.7 9月10日 月出 14:12 月没 ⋯⋯
16 13.7 9月14日 月出 16:19 月没 03:54	**17** 14.7 満月 9月15日 月出 16:49 月没 05:08	**18** 15.7 9月16日 月出 17:22 月没 06:24	**19** 16.7 9月17日 月出 18:01 月没 07:41
23 霜降 20.7 9月21日 月出 21:43 月没 12:11	**24** 21.7 下弦 9月22日 月出 22:48 月没 12:55	**25** 22.7 9月23日 月出 23:51 月没 13:31	**26** 23.7 9月24日 月出 ⋯⋯ 月没 14:01
30 27.7 9月28日 月出 03:42 月没 15:33	**31** 28.7 9月29日 月出 04:38 月没 15:56		

10月

10月のトピックス

10月15日　十三夜
10月17日　今年いちばん大きい満月

10月の空のこよみ

本格的な秋を迎え、空はますます冴えわたってまいりました。月の光はひんやりと、そろそろ次の季節の到来を予感させます。10月は3日が新月、11日が上弦、17日が**うお座**で今年いちばん大きい満月、霜降の翌日の24日が下弦となります。

9月の中秋に続いて、お月見の日とされる十三夜は旧暦の9月13日で、今年は10月15日です。その2日後の満月は、今年いちばん大きく見える満月、スーパームーン。ただでさえ月の美しい季節の中でのスーパームーンとなりますから、今年の秋はいつにも増して月の存在感が大きく感じられそうです。

宵の空には秋の星座が広がっています。天馬の姿を描いた**ペガスス座**の胴体の一部でもある四角形は**ペガススの四辺形**といい、明るい星の少ない秋の夜空で見つけやすい星の並びです。**夏の大三角**の明るい星ぼしより控えめな輝きは、秋の象徴にぴったりです。

◉ 10月の二十四節気と雑節・五節供

寒露（8日）：露が冷えて凍ってくるころ。
土用の入り（20日）：立冬の前日（11月6日）までが秋の土用。
霜降（23日）：地面に霜がおりるころ。

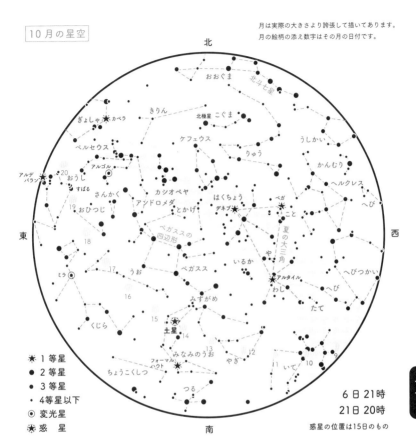

月は実際の大きさより誇張して描いてあります。
月の絵柄の添え数字はその月の日付です。

北

おおぐま
北斗七星

ぎょしゃ カペラ
きりん
北極星 こぐま

ペルセウス
ケフェウス
うしかい

りゅう
かんむり

アルデ
バラン 20 アルゴル
おうし

すばる さんかく
アンドロメダ とかげ
カシオペヤ

ヘルクレス

19 おひつじ
はくちょう
ベガ
こと
へび

東

18
ペガススの
四辺形
デネブ

夏の大三角
や
西

ミラ
17 うお
ペガスス
いるか

へびつかい

16
みずがめ
アルタイル
わし
へび

15 土星
14
たて

くじら
みなみのうお
13
やぎ
12

フォーマル
ハウト
9
ちょうこくしつ
いて 10
11

つる

★ 1 等星
● 2 等星
• 3 等星
・ 4 等星以下
◉ 変光星
✳ 惑　星

6 日 21時
21日 20時

惑星の位置は15日のもの

南

　　南の空の低くぽつんと光るのは、"秋のひとつ星"ともよば
れる**フォーマルハウト**。ここ数年は**フォーマルハウト**よりも
明るい**土星**が近くにいるので、"秋のふたつ星"のように見
えるかもしれません。**土星**は**みずがめ座**の流れ落ちる水の中、
フォーマルハウトは**みなみのうお座**の魚の口もとにいます。

15日の未明の空
（1時30分）

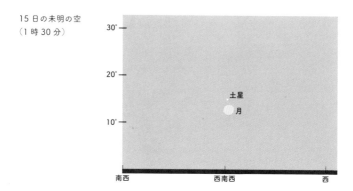

　　15日は十三夜のお月見。十五夜（中秋）と十三夜どちらも見ないと“片月見”として忌まれるそうですから、先月に続いてぜひお月見を楽しみましょう。十三夜のひと晩前、14日の夜〜15日に日付が変わったころの月には、中秋に引き続き、**土星**が寄り添っています。

Moon
Syrup

月と重力

普段、私たちは自分に重力がかかっていることをほとんど意識せずに地球上で暮らしています。一方、宇宙空間は無重量です。宇宙船内をふわふわ漂う宇宙飛行士の映像を見たことがあるでしょう。そして、月には降り立つこともできますが、月の直径は地球の1/4、重さが約1/100なので、重力は地球の1/6。これに慣れるには時間がかかりそうです。走ったり、飛んだり投げたり…重力1/6の月面でどんなスポーツをしてみたいですか？

---

1 1 月 の こ よ み

◉

霜月［しもつき］

11月の月のこよみ

11月の朔弦望

- ● 11月1日 21:47
- ◗ 11月9日 14:55
- ○ 11月16日 06:29
- ◐ 11月23日 10:28

3 文化の日	4 振替休日	5
2.0	3.0	4.0
10月3日　月出 07:37　月没 17:24	10月4日　月出 08:39　月没 18:05	10月5日　月出 09:40　月没 18:54
10	11	12
9.0	10.0	11.0
10月10日　月出 13:19　月没 ………	10月11日　月出 13:48　月没 00:22	10月12日　月出 14:16　月没 01:32
17	18	19
16.0	17.0	18.0
10月17日　月出 17:23　月没 07:45	10月18日　月出 18:21　月没 08:56	10月19日　月出 19:26　月没 09:57
24	25	26
23.0	24.0	25.0
10月24日　月出 ……　月没 12:53	10月25日　月出 00:38　月没 13:15	10月26日　月出 01:34　月没 13:37

月出没時刻は東京でのもの、月齢は21時の月齢をあらわします。

WED	THU	FRI	SAT
		1 月齢 29.7 新月 旧暦 10月1日 月出 05:36 月没 16:21	**2** 1.0 10月2日 月出 06:36 月没 16:50
6 5.0 0月6日 月出 10:37 月没 19:51	**7** 立冬 6.0 10月7日 月出 11:27 月没 20:55	**8** 7.0 10月8日 月出 12:10 月没 22:03	**9** 8.0 上弦 10月9日 月出 12:47 月没 23:12
13 12.0 0月13日 月出 14:45 月没 02:43	**14** 13.0 10月14日 月出 15:16 月没 03:56	**15** 14.0 10月15日 月出 15:51 月没 05:11	**16** 15.0 満月 10月16日 月出 16:33 月没 06:28
20 19.0 0月20日 月出 20:33 月没 10:48	**21** 20.0 10月21日 月出 21:38 月没 11:28	**22** 小雪 21.0 10月22日 月出 22:41 月没 12:01	**23** 勤労感謝の日 22.0 下弦 10月23日 月出 23:41 月没 12:29
27 26.0 0月27日 月出 02:30 月没 14:00	**28** 27.0 10月28日 月出 03:28 月没 14:24	**29** 28.0 10月29日 月出 04:27 月没 14:51	**30** 29.0 10月30日 月出 05:28 月没 15:24

11 月

11月のトピックス

11月16日　今年3ばんめに大きい満月

11月の空のこよみ

　今年も残すところあと2か月。立冬、小雪と冬を感じさせる二十四節気を通り抜けた先には、どんな景色が見えるでしょうか。11月は月初めの1日が新月、9日が上弦、16日が**おひつじ座**で今年3ばんめに大きい満月、小雪の翌日で勤労感謝の日の23日が下弦となります。

　夕方の西空では、**金星**が見やすくなってきました。来月には冬至を迎えるため、日暮れはかなり早くなっています。一方、東の空からは宵のうちに**木星**が冬の星座たちとともに昇ってくるようになりました。

　木星に続いて昇ってくる惑星は**火星**です。2年2か月ごとに地球に接近し見ごろとなる**火星**は、来年の1月に地球にもっとも近付くので少しずつ明るくなってきています。今回は"小接近"となりそこまで明るくはなりませんが、春先にくらべると赤い輝きが少し目立つようになっているのがわかるでしょう。赤や黄色に染まった木々はしだいに葉を落としていきますが、**火星**は冬に向けてそのきらめきを増していきます。

◉ 11月の二十四節気と雑節・五節供

立冬（7日）：冬の始まり。立春前までが冬となる。
小雪（22日）：雪が降り始めるころ。

月は実際の大きさより誇張して描いてあります。
月の絵柄の添え字字はその月の日付です。

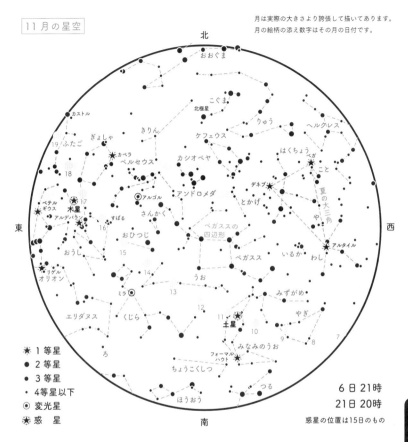

北

おおぐま

こぐま
北極星
きりん
ケフェウス
りゅう
ヘルクレス

カストル
ぎょしゃ
カシオペヤ
はくちょう
ペガ
19 ふたご
カペラ
ペルセウス
こと
18
アンドロメダ
デネブ
夏の大三角
ペテル
ギウス
木星
アルゴル
さんかく
とかげ
や
西
17
すばる
ペガススの
四辺形
アルデバラン
16
おひつじ
アルタイル
東
15
ペガスス
いるか
わし
おうし
14
うお
リゲル
オリオン
みずがめ
ミラ
13
エリダヌス
くじら
12
やぎ
11 土星
みなみのうお
10
9
8
7
フォーマル
ハウト
ろ
ちょうこくしつ
ほうおう
つる

★ 1等星
● 2等星
● 3等星
・ 4等星以下
◎ 変光星
✴ 惑 星

6日 21時
21日 20時

惑星の位置は15日のもの

南

11月

この時期の宵の北の空では、**北極星**を探す手がかりとして
も知られる**北斗七星**は地平線へ沈んでいます。かわりに空高
くかかるのは**カシオペヤ座**。アルファベットの W の文字の
ような星の並びが特徴的で、秋に見やすくなる星座です。こ
の**カシオペヤ座**からも**北極星**を探すことができます。

5日の夕方の空
（17時45分）

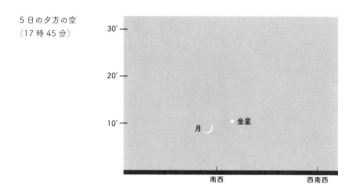

30°
20°
10°

月　　　○金星

南西　　　　　西南西

　日没後、西の夕空ではまだ空が明るいうちから**金星**が輝いているのが目に入ります。5日の夕空では、**金星**の近くに新月後の細い月がやってきます。あっという間に暗くなる晩秋の空で圧倒的な輝きでもって君臨する**金星**は、これからますます高く、明るくなっていきます。

Moon
Syrup

月
と
数

「月」といえば地球の衛星ですが、ほかの惑星の周りを回る衛星も、英語ではその惑星の「moon（月）」と表現します。火星の月は地球よりも1個多く、2個あります。そして木星の月は95個、土星の月はなんと146個（いずれも2023年8月現在）報告されています。観測の精度が上がって新たに発見され、ここまで多くなりました。ただ、夜空に月がたくさん見えたらすごいですが、たったひとつの月を愛でるほうがロマンチックな気もします。

12月のこよみ

◉

師走［しわす］

12月の月のこよみ

	SUN	MON	TUE
	1 月齢 0.2 新月 旧暦 11月1日 月出 06:30 月没 16:03	**2** 1.2 11月2日 月出 07:33 月没 16:50	**3** 2.2 11月3日 月出 08:31 月没 17:45
	8 7.2 11月8日 月出 11:50 月没 23:21	**9** 8.2 上弦 11月9日 月出 12:18 月没 ……	**10** 9.2 11月10日 月出 12:45 月没 00:29
	15 14.2 満月 11月15日 月出 16:02 月没 06:32	**16** 15.2 11月16日 月出 17:05 月没 07:39	**17** 16.2 11月17日 月出 18:12 月没 08:35
	22 21.2 11月22日 月出 23:24 月没 11:18	**23** 22.2 下弦 11月23日 月出 …… 月没 11:40	**24** 23.2 11月24日 月出 00:21 月没 12:02
	29 28.2 11月29日 月出 05:20 月没 14:42	**30** 29.2 11月30日 月出 06:21 月没 15:35	**31** 0.6 新月 12月1日 月出 07:17 月没 16:37

12月の 朔弦望

- 12月1日 15:21
- 12月9日 00:27
- 12月15日 18:02
- 12月23日 07:18
- 12月31日 07:27

	WED	THU	FRI	SAT

4	5	6	7 大雪
3.2	4.2	5.2	6.2
11月4日 月出 09:24 月没 18:48	11月5日 月出 10:09 月没 19:55	11月6日 月出 10:48 月没 21:04	11月7日 月出 11:21 月没 22:13

11	12	13	14
10.2	11.2	12.2	13.2
11月11日 月出 13:13 月没 01:38	11月12日 月出 13:45 月没 02:49	11月13日 月出 14:23 月没 04:03	11月14日 月出 15:08 月没 05:19

18	19	20	21 冬至
17.2	18.2	19.2	20.2
11月18日 月出 19:20 月没 09:21	11月19日 月出 20:26 月没 09:58	11月20日 月出 21:28 月没 10:28	11月21日 月出 22:27 月没 10:54

25	26	27	28
24.2	25.2	26.2	27.2
11月25日 月出 01:17 月没 12:25	11月26日 月出 02:15 月没 12:51	11月27日 月出 03:15 月没 13:22	11月28日 月出 04:18 月没 13:58

12月

12月のトピックス

12月8日　土星食
12月25日　スピカ食

12月の空のこよみ

2024年最後の月は、新月で始まり新月で終わります。月のひとめぐりをおさらいするように年末の空を見上げながら、この1年を思い返してみましょうか。12月は1日に新月、9日に上弦、15日に**おうし座**で満月、23日に下弦、そして大晦日の31日に再び新月となります。

12月には見やすい星食が起こります。8日の宵の空での**土星食**（p.14参照）、25日のクリスマス未明の**スピカ食**（p.15参照）です。月食や日食と違ってぱっと見ただけでは気付かない現象ですが、明るい星がふっと見えなくなって再び現れる様子はとてもスリリング。ぜひ双眼鏡を使って見てみてください。

21日に冬至を迎え、夜がいちばん長いころです。宵の空には冬の星座たちが昇ってくるようになりましたが、遅い仕事帰りに目にするころには**オリオン座**はすでに高く昇ってしまっているという方もいるでしょう。1年間お疲れ様でした。来年も日々にきらめく星や月を添えて、かけがえのない時をお過ごしください。

● 12月の二十四節気と雑節・五節供

大雪（7日）：雪が激しく降り始めるころ。

冬至（21日）：夜がもっとも長くなる日。

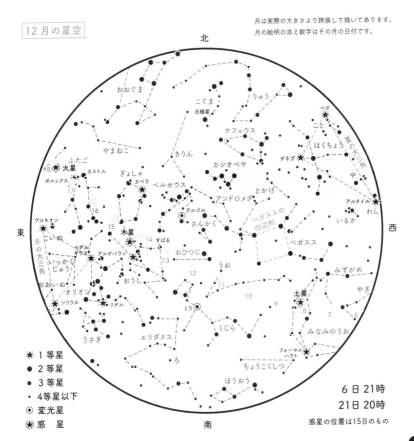

12月の星空

月は実際の大きさより誇張して描いてあります。
月の絵柄の添え数字はその月の日付です。

北

おおぐま
こぐま
りゅう
北極星
ベガ
こと
ケフェウス
夏の大三角
はくちょう
やまねこ
きりん
デネブ
や
ふたご
火星
18
カストル
ぎょしゃ
カシオペヤ
ペルセウス
とかげ
アルタイル
ボルックス
17
カペラ
アンドロメダ
わし
16
アルゴル
ペガススの四辺形
いるか
プロキオン
こいぬ
15
木星
さんかく
ペガスス
西
東
14
すばる
みずがめ
冬の大三角
ベテルギウス
おひつじ
うお
やぎ
アルデバラン
いっかくじゅう
13
12
おうし
11
おおいぬ
オリオン
10
9
土星
8
みなみのうお
シリウス
リゲル
ミラ
7
6
うさぎ
くじら
フォーマルハウト
エリダヌス
ちょうこくしつ
ろ
みなみのうお

★ 1 等星
● 2 等星
• 3 等星
· 4等星以下
◉ 変光星
✹ 惑 星

6 日 21時
21日 20時

惑星の位置は15日のもの

ほうおう

南

12月

　14日は**ふたご座流星群**の極大日です。15日が満月なので明け方近くまで月明かりがあり、流れ星は見にくいですが、8月の**ペルセウス座流星群**に並んでたくさんの流れ星が見られる流星群ですので、気長に空を眺めて明るい流星を待ってみましょう。13日の夜〜14日の明け方がおすすめです。

5日の夕方の空
（18時00分）

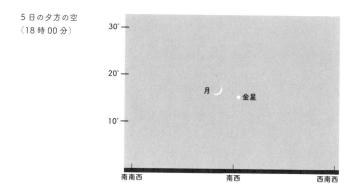

金星が澄んだ夕空に映えています。5日は**金星**のそばに新月後の細い月がやってきて美しい光景を見せてくれます。1か月前とくらべ、**金星**が高く昇るようになってきているのがわかるでしょうか。これから年末に向けて夕空はさらに澄み渡り鮮やかになっていきます。今だけの空を見逃さないで。

Moon
Syrup

月と晦日

旧暦では、ひと月の最後の日を晦日（＝三十日）とよんでいました。晦は「つごもり」とも読みますが、これは月始めが必ず新月だった旧暦の1日の前日なので、月を見ることはできないことから「月篭り」（＝晦）という意味があるそうです。そして1年の締めくくり、12月31日は大晦日。家族や友達とにぎやかに過ごす人、1人静かに過ごす人、関係なく過ごす人などさまざまですが、誰にも新しい年は等しく訪れます。どうぞ皆様、よいお年を。

月と
こよみ

旅先で月を見る

　地球のどこへ行っても、月は夜空に輝いています。しかし、同じように見える月ですが、場所によってはいつもと違って見えることもあります。

　オーストラリアなどの南半球で星を見たことはあるでしょうか。日本のある北半球と南半球では、見える星座が違います。南半球で有名な南十字星（みなみじゅうじ座）は、日本ではほぼ見ることができません。また、おなじみのオリオン座は南半球でも見ることができますが、実際に目にするとなんだか違和感があると思います。なぜなら、いつものオリオン座が逆さまになっているように見えるからです。

　北半球と南半球では、同じ月を同じ時間に見ても、南半球では、北の方角に向かって月を眺めるので、

月の見え方（月の欠けている側）の左右が、日本で見る
ふだんの月とは逆になります。なお、満月はどちら
で見てもまん丸ですが、南半球では表面の模様が逆
さまになっているように見えます。

　日本国内でも、住んでいる場所と違う土地に行く
と、夜空の見え方の違いに気付くかもしれません。
九州以北では見られない南十字星ですが、沖縄など
へ行けば南のごく低くに見ることができます。また、
北海道では北の空の北極星の位置が高く、北極星を
中心に回る北斗七星は沈むことはありません。

　家から離れた旅先で月や星を見上げるとき、遠く
まで来たこと、同じ空の下にいること、あなたはど
ちらを強く感じるでしょうか。

月 の 和 名

今日の月はどんな形？
今日の月はどんな名前？

新月（朔）
しんげつ（さく）

旧暦1日。月の姿を見ることはできない。（月齢0）

二日月（繊月）
ふつかづき（せんげつ）

旧暦2日のごく細い月。繊維のような細い形から繊月ともいう。（月齢1）

三日月（眉月）
みかづき（まゆづき）

旧暦3日の細い月。女性の細い眉を思わせる形から眉月ともいう。（月齢2）

上弦の月（弓張月）
じょうげん（ゆみはりづき）

旧暦8日ごろ、右半分が輝いて見える半月。弓を引いたような形から弓張月ともいう。（月齢7.5前後）

十三夜月
じゅうさんやづき

旧暦13日の月。十五夜（中秋）のあとの旧暦9月13日の十三夜は「後の月見」が行われる。（月齢12）

待宵月（小望月）
まちよいづき（こもちづき）

旧暦14日の月。十五夜を待つ宵の月ということで待宵月、満月に少し足りないことから小望月ともいう。（月齢13）

満月（望月、十五夜）
まんげつ（もちづき、じゅうごや）

欠けていない、まん丸の月。真の満月はふつう旧暦15日の十五夜か、その翌日となる。旧暦8月15日の月が「中秋の名月」。（月齢14）

十六夜月 (いざよいづき)

旧暦16日の月。「いざよい」は、なかなか進まないという意味で、十五夜よりためらいがちに出てくるため。（月齢15）

立待月 (たちまちづき)

旧暦17日の月。暮れてきた空のもと、立って待っていればそのうち月が出てきます。（月齢16）

居待月 (いまちづき)

旧暦18日の月。前日よりも月の出が遅いので、座って待ちましょう。（月齢17）

寝待月 (ねまちづき)（臥待月 (ふしまちづき)）

旧暦19日の月。居待月よりもさらに月の出が遅くなるので、寝ながら待ちましょう。（月齢18）

更待月 (ふけまちづき)

旧暦20日の月。寝待月よりもっと月の出が遅くなるので、夜が更けるのを待ちましょう。（月齢19）

下弦の月 (かげん)（弓張月 (ゆみはりづき)、二十三夜 (にじゅうさんや)）

旧暦23日ごろ、左半分が輝いて見える半月。二十三夜は月の出を拝む風習があった。上弦と同じく弓張月とも。（月齢22前後）

二十六夜 (にじゅうろくや)（眉月 (まゆづき)）

旧暦26日の月。二十三夜同様、月の出を拝む風習があった。三日月と同じく眉月ともいう。（月齢25）

三十日月 (みそかづき)（晦日月 (みそかづき)、晦 (つごもり)）

旧暦30日の月。新月直前のため目で見ることができないことから、月篭り（つきごもり）＝晦（つごもり）ともいわれる。（月齢29）

食のいろいろ

　「日食」は太陽の手前に新月がかぶって、太陽が欠けて見える現象。「月食」は満月に地球の影が落ちて、月が欠けて見える現象です。そして「星食」は、月に星が隠される現象です。月は地球から一番近い星で、もっとも手前に大きく見えますから、その背後に星が隠れることはよくあります。2024年は、日本においては日食も月食も見られない、ちょっと残念な年ですが、明るい星食がいくつか見られます。見やすいのは、巻頭の月ニュース（p.14-15）でも紹介した「土星食」と、おとめ座の1等星が隠される「スピカ食」です。なお、星食の中でも惑星が隠されるものは「惑星食」といいます。

　星食は、月食や日食と違って月齢には関係なく起こり得ます。そして、月の陰に星が隠れるときを潜入、出てくるときを出現とよびますが、どちらが見やすいかはそのときの月の形によります。星にくらべて月はとても明るいため、明るく輝いている部分で起こる潜入や出現はまぶしくて見づらく、欠けている（月の輪郭が見えていない）側で起きるものは見えやすいのです。ただし、見やすいといっても、明ら

　かに欠けているのがわかる日食や月食とは違い、星
食をはっきり見るのなら双眼鏡があった方がよいで
しょう。なお、月の端ぎりぎりを星がかすめていく
場合は「接食」といいます。

　また、ある衛星がほかの衛星の影に入る現象を
「相互食」、2つの恒星が共通の重心の周りを回り合
うことで明るさが変化する星を「食変光星」といい
ます。食にもいろいろありますね。

地球照

新月後に現れる〝新しい月に抱かれた古い月〞── 地球照。

英語では the old moon in the new moon's arms

「新しい月」は太陽の光を反射した、三日月。

「古い月」は太陽の光を反射した地球が照らす、地球照

春は上向きに、秋は横向きに、夕暮れの新しい月は古い月を抱く。

季節によって月の傾きは変わります

地球照が見えるころ、月から地球を見上げてみたい。

月から見た「満地球」は地球から見た満月の約50倍明るいです

月の満ち欠け

　月は、自ら光を放っているのではなく、太陽の光を反射して輝いています。太陽と地球、月の位置関係は刻々と変化し、光の当たる部分は変わっていきます。月が満ち欠けするのはそのためです。

　地球から見てまっすぐ太陽の方向に月があると「新月（朔）」、反対側に月があると「満月（望）」となります。「半月（上弦・下弦）」はその中間です。

月の見え方

実際に見える月の形

月齢のかぞえかた

　本書の「月のこよみ」ページで、毎日の月の形の下にある数値が「月齢」です。新月が0、上弦が7.5前後、満月が15前後、下弦が22前後、そして29近くなら次の新月が近いことになります。また、旧暦は新月を1日（月初め）として始まるので、月齢とは約1日のずれがあります。月齢は新月の瞬間を0とし、そこから数えた日数です。たとえば新月の日の21時の月齢が0.5だった場合、翌日の同時刻には1.5、翌々日の同時刻には2.5と、1の位が1ずつ増えていきます。小数点以下は次の新月の前日まで同じです。

　本書では実際に月や夜空を見上げる時刻を想定し、21時（夜9時）の月齢を掲載していますが、一般には正午12時の月齢が示されています。なお、月齢が29台で0でないのに新月になる場合もあります。これは21時以降に月が新月を迎えるからです。

　2024年の朔弦望の時刻は、表紙の袖ページと「月のこよみ」ページ左下に記載しています。

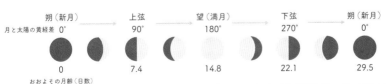

＊黄経とは、星空の中で太陽の通り道に沿って測った座標です。

2024年

1/04	下弦	
1/11	新月	
1/18	上弦	
1/26	満月	
2/03	下弦	
2/10	新月	
2/17	上弦	
2/24	満月	
3/04	下弦	
3/10	新月	
3/17	上弦	
3/25	満月	
4/02	下弦	

4/09	新月	
4/16	上弦	
4/24	満月	
5/01	下弦	
5/08	新月	
5/15	上弦	
5/23	満月	
5/31	下弦	
6/06	新月	
6/14	上弦	
6/22	満月	
6/29	下弦	
7/06	新月	

7/14	上弦	
7/21	満月	
7/28	下弦	
8/04	新月	
8/13	上弦	
8/20	満月	
8/26	下弦	
9/03	新月	
9/11	上弦	
9/18	満月	
9/25	下弦	
10/03	新月	
10/11	上弦	

10/17	満月	
10/24	下弦	
11/01	新月	
11/09	上弦	
11/16	満月	
11/23	下弦	
12/01	新月	
12/09	上弦	
12/15	満月	
12/23	下弦	
12/31	新月	

2025年

1/07	上弦	
1/14	満月	
1/22	下弦	
1/29	新月	
2/05	上弦	
2/12	満月	
2/21	下弦	
2/28	新月	
3/07	上弦	
3/14	満月	
3/22	下弦	
3/29	新月	
4/05	上弦	

4/13	満月	
4/21	下弦	
4/28	新月	
5/04	上弦	
5/13	満月	
5/20	下弦	
5/27	新月	
6/03	上弦	
6/11	満月	
6/19	下弦	
6/25	新月	
7/03	上弦	
7/11	満月	

7/18	下弦	
7/25	新月	
8/01	上弦	
8/09	満月	
8/16	下弦	
8/23	新月	
8/31	上弦	
9/08	満月	
9/14	下弦	
9/22	新月	
9/30	上弦	
10/07	満月	
10/14	下弦	

10/21	新月	
10/30	上弦	
11/05	満月	
11/12	下弦	
11/20	新月	
11/28	上弦	
12/05	満月	
12/12	下弦	
12/20	新月	
12/28	上弦	

2026年

1/03	満月	4/10	下弦	7/14	新月	10/19	上弦
1/11	下弦	4/17	新月	7/21	上弦	10/26	満月
1/19	新月	4/24	上弦	7/29	満月	11/02	下弦
1/26	上弦	5/02	満月	8/06	下弦	11/09	新月
2/02	満月	5/10	下弦	8/13	新月	11/17	上弦
2/09	下弦	5/17	新月	8/20	上弦	11/24	満月
2/17	新月	5/23	上弦	8/28	満月	12/01	下弦
2/24	上弦	5/31	満月	9/04	下弦	12/09	新月
3/03	満月	6/08	下弦	9/11	新月	12/17	上弦
3/11	下弦	6/15	新月	9/19	上弦	12/24	満月
3/19	新月	6/22	上弦	9/27	満月	12/31	下弦
3/26	上弦	6/30	満月	10/03	下弦		
4/02	満月	7/08	下弦	10/11	新月		

2027年

1/08	新月	4/14	上弦	7/19	満月	10/23	下弦
1/16	上弦	4/21	満月	7/27	下弦	10/29	新月
1/22	満月	4/29	下弦	8/02	新月	11/06	上弦
1/29	下弦	5/06	新月	8/09	上弦	11/14	満月
2/07	新月	5/13	上弦	8/17	満月	11/21	下弦
2/14	上弦	5/20	満月	8/25	下弦	11/28	新月
2/21	満月	5/28	下弦	9/01	新月	12/06	上弦
2/28	下弦	6/05	新月	9/08	上弦	12/14	満月
3/08	新月	6/11	上弦	9/16	満月	12/20	下弦
3/16	上弦	6/19	満月	9/23	下弦	12/28	新月
3/22	満月	6/27	下弦	9/30	新月		
3/30	下弦	7/04	新月	10/07	上弦		
4/07	新月	7/11	上弦	10/15	満月		

監　修　：相馬　充（国立天文台）

執　筆　：中野博子

星　図　：渡辺和郎、プラスアルファ

イラスト：花松あゆみ

デザイン：中野有希

366日の月の満ち欠けがわかる

月のこよみ 2024

- -

2023 年 10 月 13 日　発　行　　　　　　　　　　　NDC440

監　修　者　　相馬　充

発　行　者　　小川雄一

発　行　所　　株式会社 誠文堂新光社
　　　　　　　〒113-0033 東京都文京区本郷 3-3-11
　　　　　　　電話 03-5800-5780
　　　　　　　https://www.seibundo-shinkosha.net/

印　刷　所　　株式会社 大熊整美堂

製　本　所　　和光堂 株式会社

- -

ISBN978-4-416-62342-8